尤今小语

……

一日美好
一日新

YIRIMEIHAO
YIRIXIN

［新加坡］

尤今————

著

海天出版社
·深圳·

图书在版编目（CIP）数据

一日美好一日新 /(新加坡) 尤今著. — 深圳：海
天出版社，2020.4
（尤今小语）
ISBN 978-7-5507-2763-2

Ⅰ.①一… Ⅱ.①尤… Ⅲ.①散文集－新加坡－现代
Ⅳ.①I339.65

中国版本图书馆CIP数据核字(2019)第276738号

一日美好一日新
YIRI MEIHAO YIRI XIN

出 品 人　聂雄前
责 任 编 辑　胡小跃　戚乐也
责 任 校 对　徐　力
责 任 技 编　梁立新
封 面 设 计　A BOOK–Aseven

出版发行　海天出版社
地　　址　深圳市彩田南路海天综合大厦（518033）
网　　址　www.htph.com.cn
订购电话　0755-83460239（邮购、团购）
设计制作　深圳市龙瀚文化传播有限公司 0755-33133493
印　　刷　深圳市晶宇印刷有限公司
开　　本　787mm×1092mm　1/16
印　　张　9.25
字　　数　92千
版　　次　2020年4月第1版
印　　次　2020年4月第1次
定　　价　35.00元

自序

一直以来，抒写小品文，我都坚守着三大信念。

我相信文字里有巨人，我相信沙砾能变珍珠，我相信语言是魔术师。

首先，谈谈"文字里有巨人"。

意大利赫赫有名的艺术家米开朗琪罗，呱呱坠地时，母亲身子孱弱，把他送去一个村庄，由奶妈照顾。他年仅6岁时，母亲便病逝了。奶妈的丈夫，是个石匠，童年的米开朗琪罗，随着石匠进出于采石场，深深地爱上了内涵深邃的石头。他内心有着一股巨大的力量，不断地驱策他以凿子和锤子把面无表情的石头化为有七情六欲的雕塑。愈雕愈起劲，兴趣之火也愈燃愈炽烈，年纪小小的他，已立志要当雕塑家了。

1501年，26岁的米开朗琪罗耗了整整4年的时间，完成了鬼斧神工的"大卫"雕像，艺惊全球——坚不可摧的石材，展示出来的，却是人体纤毫毕现的肌肉纹理；冰冷僵硬的石质，展现出来的，却是人体张力饱满的弧度美；愣头愣脑的石头，展露出来的，却是人体那磅礴浩大的内在力量。

"大卫"雕像卓尔不群的艺术魅力，使它成了众人心中永远的"巨人"。

引人深思的是，米开朗琪罗用以雕塑"大卫"的那块大理石，形状并不理想，而且，石上还有一道裂痕，可供发挥的空间很受限制，其他艺术家都不要，也不敢用它，因此它被闲置了将近半个世纪。然而，眼光独到的米开朗琪罗却对它一见钟情，他沉稳地说道：

"别人只看到这块大理石的缺点，可我却清楚地看到它里面禁锢着一个巨人，我只不过是将这个巨人释放出来而已。"

啊，"释放巨人"！

米开朗琪罗的这一番话，无疑就是文艺创作一个可贵的启示啊！

大理石中藏着一个巨人，同样的，文字里也藏着一个巨人。把生活的种种感悟化为蕴含思想亮光的文字，牵动他人的心弦、影响他人的价值观，就是一种"释放巨人"的创作方式啊！

其次，说说"沙砾变珍珠"。

珍珠贝，多生活于海洋；海浪把细小的沙砾卷入了它的身子，它在经历了一连串痛苦的挣扎与抗衡、接受与适应后，终于将粗糙的沙砾化成了美丽的珍珠。

作家，正如珍珠贝，在吸纳了生活海洋里的点点滴滴后，细细反刍、消化，慢慢转化、提升，最后，结出了一颗一颗光可鉴人的"文字珍珠"。它们源于生活，但却不是生活的"复制品"，每一颗珍珠都有着独独属于自己的生命烙印；这样的烙印，是能够很深地拨动他人的心弦的。

最后，讲讲"语言是魔术师"。

语言是作品斑斓的底色，也是凸显作家文风的旗帜。斐然的文采，不但能使方块字变魔术似的焕发出动人的光彩，而且，还能有扭转乾坤的影响力。

话说有个农夫，带了一只鸡到热闹的集市去卖。他在鸡笼外竖立了一个牌子，上面密密麻麻地写道：

"我这个精致的笼子里有一只肥大的母鸡准备以非常便宜的价格出售。"

集市里，人潮络绎不绝，可是，老半天过去了，那只鸡却还在笼子里"孤芳自赏"。

后来，有个路过的善心人对他说道：

　　"你这牌子上的字，啰里啰唆的，谁有闲情止步细读呢？让我帮你重写吧！"

　　重写的牌子，就只有简简单单的两个字："待售。"旋踵，农夫就如愿以偿地把鸡卖掉了。

　　长了赘肉的文字，不但有碍观瞻，而且，影响实效。简要凝练、明快利落的文字，是深具魅力的语言。

　　2014年，在新加坡玲子传媒执行董事兼总编辑林得楠先生的穿针引线下，我与中国深圳海天出版社开展了美好的合作。迄今为止，海天出版社已经为我出版了四套（总共十一部）作品，包括了游记、小品文、传记。现在，又将推出两套（总共五部）作品，包括两部游记（《在羊身上写字》《高加索牧人》）、三部小品文（《游走世界寻访自我》《孩子，我们一起学习》《一日美好一日新》）。感谢海天出版社，感谢许全军副总编辑和胡小跃主任，这种圆融美好的合作关系，常常让我心怀感激。

目录

　　倥偬数十载，吐丝为字、织丝为文，
不曾间断。

也许

　　也许，前生我是蠹鱼，所以，今生痴爱文字。

　　略识之无，便发狂吞食各类童话；年龄稍长，胃口更大，管它东方西方古典现代，一律细嚼慢咬，吃得"脑满肠肥"。大学毕业后，在图书馆任职，在满是文字的书海里惬意地涵泳了三年，静极思动，希望到外头去看看辽阔的世界，于是，进了报馆，当"无冕皇帝"。顶着烈日，披着星光，以笔为戈，东征西讨。尖尖的笔触，伸向了社会的各个层面，挖掘、反映、探讨、针砭，痛快淋漓。生活像一树繁花，绚烂多彩。不久，被爱神丘比特锐不可当的箭射中了，跌落在一个唤作"家"的大网里，为人妻，为人母。奔波劳碌的采访使心境渐趋疲累，于是，毅然摘下那顶无形的冠冕，改执教鞭，俯首甘为孺子牛。繁花落尽的那一树翠绿虽然单调，却也另有一番恬然静谧的美姿。

也许，前生我是春蚕，所以，今生以笔狂吐"文字之丝"。

初次织丝成绸，年方十一。无形的思维化成具体铅字的那种快乐，能叫灵魂也颤抖。倥偬数十载，吐丝为字、织丝为文，不曾间断。蚕以散文为午餐、小说为晚餐、小品文为甜品、游记为自助餐。日日汲汲于"文字餐食"，充实而又踏实。春蚕到死丝方尽，而我，只要一息尚存，便与字同在。

也许，前生我是流云，所以，今生处处飘浮看世界。

深知"降落人间"买的是单程票，不愿白跑一趟，所以，一有闲暇，便化身为潺潺溪水和彤彤云彩，流向天涯海角，飞过南北半球。足履所及之处，可能是富裕安定的人间乐土，也可能是落后贫困的人间地狱；可能是湖光山色的世外桃源，也可能是乌烟瘴气的罪恶渊薮。富者不偏爱，贫者不嫌弃，一视同仁地把它们视为心中好友。希望能在有生之年把足迹踏遍全球，所以，长出一双无形的翅膀，一有机会，一有时间，便飞。

也许，前生我是鹰，所以，今生意志硬如钢铁。

风里来，雨里去，老鹰双翅坚实有力，从不轻易向现实低头。素来我只把困难当挑战、把苦难当磨炼，而"富贵不能淫，贫贱不能移，威武不能屈"是我永远的座右铭。

也许，前生我是喜鹊，所以，今生以笑声来装点日子。

喜鹊以悦耳的歌声向世人报喜，我呢，把笑声化为文字，向读者抒发心曲。从来也不让忧烦焦灼肆意腐蚀我的生活，"山重水复疑无路，柳暗花明又一村"是我的信念，永远相信"船到桥头自然直"。

小·启示

　　作者自喻为蠹鱼、春蚕、流云、老鹰、喜鹊，借此道出了她生活的内容和性格的特色。由于她心态乐观，不论生活或作品，都闪现着宛如向日葵般的亮丽色彩。

少女情怀总是诗，少妇情怀似散文，
徐娘情怀似小说，老妪情怀似论文。

情怀

女人的一生，有四个阶段。

少女、少妇、徐娘、老妪。

少女情怀总是诗。现实之于她，不是柴米油盐，而是溪流、云朵、鲜花；色彩绚烂，如诗如画。

遗憾的是，少女时代虽然美如诗，亦短如诗，它几乎是稍纵即逝的。

一纸婚书，让她成了少妇。

少妇情怀似散文。

这时，她不再朦朦胧胧地沉浸于鸟语花香的境界里，现实生活里千百样有待应付的事儿，使她变得精明能干、成熟踏实。她双手所谱出来的，不再是象牙塔里苍白无血的诗；她以生活之笔写散文，散文里，有泥土朴实的香味。

生下的孩子渐渐长大了，然而，她还未老，她成了徐娘。

徐娘情怀似小说。

丰富的阅历教会了徐娘沉着应变的能力，她有化解宿怨的妙方，有"水来土掩，兵来将挡"的气度，也有"天塌下来当被盖"的豁达。

这时，她白发初来，皱纹未长，外在形象与内在世界一样妩媚动人。

她像小说，人人都想追读。

然后，孩子成家立业了，毫无商量余地地让她升级为祖母。

她听到别人称她为"老妪"。

老妪情怀似论文。

论文初读沉闷枯燥，晦涩难懂，你我他都不爱读。

但是，倘若有人肯耐心地读、细细地读、慢慢地读，绝对能从那闪着智慧亮光的字字句句中，读出一股隽永的韵味，正是"开卷有益"也！

小·启示

　　作者以诗、散文、小说、论文四种文学体裁来把女人的一生贯串起来，意象新颖。只要活得充实而踏实，不论处在哪一个年龄层的女性，都能展现出动人的丰采。

对于我来说，这瓶药油，是价值连城的，因为它是以醇厚的友情为原料熬炼而成的。

一瓶药油

那一年，旅居沙特阿拉伯。

有一回，不慎扭伤了脚，又肿又痛，历久难消。过去，碰到这种情况，只要买一瓶跌打药油，搓搓揉揉、按按扭扭，不消多时，便能消肿止痛了。然而，住在沙特阿拉伯濒临红海的城市吉达，我却无法买到任何中药或药油。

敷着石膏，服着西药，在给远方的阿琦写信时，我忍不住发了牢骚："一瓶过去唾手可得的药油，现在，居然成了海市蜃楼！"

不久，竟然接到了阿琦千里迢迢以空邮寄来的一个小包裹。

包裹还没有拆开，药油特有的强烈气味就已经蹿了出来。我心知不妙，手忙脚乱地拆了四五层牛皮纸后，再打开方形的小纸盒，里面用以包裹着药油的小毛巾，早已被褐色的药油浸透了。

瓶装的药油，耐不住邮包投递时的三抛四掷，已裂成了碎片！

我呆呆地看着那一小堆泛着寒光的玻璃碎片，闻着药油那股亲切而又熟悉的气味，心里很不好受。苦盼良久的东西到了手，却只能看、不能用，只能闻、不能搽，还有比之更无奈的事吗？最令我难过的是，好友盼我早日康复的这番苦心，全在此刻化成烟云了！

当天晚上，在荧荧的灯火下，我提起了笔，给阿琦写信。

亲爱的阿琦：

　　你不远千里寄来的药油，我今天下午收到。对于我来说，这瓶药油，是价值连城的，因为它是以醇厚的友情为原料熬炼而成的，我一定会好好珍惜瓶中的每一滴药油……

对于瓶子裂成碎片而药油点滴不存的事，只字未提。那堆玻璃碎片，连同沾染着药油的毛巾，我一直收在抽屉里。

小·启示

　　作者在文中对好友阿琦撒了个白色的谎言，谎言里，包裹着的是一份体恤的善意。

人世间，再好听的话，如果一成不变
而又再三再四地说，最终一定会变成使人
不堪其扰的絮聒。

会奏乐的莲花

好友阿娥为我庆祝生日，当那个千娇百媚的巧克力蛋糕被捧出来时，我注意到蛋糕上面有一朵含苞待放的莲花。

枣红色的花苞，羞答答地坐在翠绿色的莲托上。

原本以为这只不过是一根造型独特的蜡烛，万万没有想到，它竟然另有乾坤。

阿娥脸泛神秘笑意，点燃了藏在花心里的烛蕊，烛蕊一着火，原本含情脉脉的花苞竟然"轰"的一声，灿烂地绽放了，变成了一朵风情万种的莲花；更绝的是，八片轻盈的花瓣上，个个挺立着一根小小的蜡烛，八丛金色的火焰，齐齐亮起，在火光乱闪之际，《祝你生日快乐》的旋律，也自动启奏。

众人目迷五色，击节叹赏。

呵，真是让人耳目一新的玩意儿啊！一连串的变化，就在电光石火之间发生——绚烂的色彩、清脆的音乐、衷心的祝福，带给人目不暇接的连连惊喜。

这朵贺喜莲花，是阿娥千里迢迢从哈尔滨捎回来的。

那一整晚，在众人觥筹交错的谈笑声中，这朵喜气洋洋的莲花，卖力地奏着那阕《祝你生日快乐》的乐曲，毫不懈怠地奏了又奏，不休不歇；响亮的声音，周而复始、毫无变化地奏着、奏着。

渐渐地，原本动人的旋律，变成了扰人的噪声，席中有人忍无可忍，建议把音乐关掉，然而，莲花上根本没有设置开关器，这意味着它想奏多久便奏多久、音乐要响多久便响多久，旁人根本无法干预，也无从制止。

晚餐结束后，我带着那朵"斗志昂扬"的莲花回家去。家人起初都为这个匠心独具的发明赞叹不已；渐渐地，怨声四起，因为夜渐苍老，它却依然精神抖擞，自得其乐地奏个不停。

万籁俱寂，那乐声听起来分外刺耳。为了避免扰人清梦，我把它藏在壁橱里；不行，乐声依然清清楚楚地传送出来，像是不负责任地窜往各处的谣言；接着，我把它关在贮藏室内，也不行，声音还是点滴不漏地从门缝泄出来，像是拼命掩盖而依然四处流传的一则秘密。

正束手无策之际，儿子建议：

"放进冰箱吧！"

果然奏效，声音被彻底"冰封"了。

一宿好眠。

次日起身，拉开冰箱，天呀，一串刺耳的音符又从冰箱里迫不及待地溜了出来！

这朵"冰山雪莲"，可真够啰唆啊！

人世间，再好听的话，如果一成不变而又再三再四地说，最终一定会变成使人不堪其扰的絮聒。

《读者文摘》有一则引人发噱的"浮世绘"，正好表达了同样的意思。

"迪士尼乐园内的游览车司机认真地提醒乘客：请不要忘了你的孩子，否则我们会把他们送到'小小世界'里，让他们学习用三十种语言唱《小小世界》，然后不停地对着你的耳朵哼唱。"

哈哈，这样的惩罚方式，单单想想，也让人不寒而栗啊！

小·启示

　　说话啰里啰唆、唠唠叨叨、没完没了，就像是文中那朵会奏乐的莲花，让人想掩耳奔逃。言简意赅而一语中的的说话方式，最为受用。

流苏在我眼中，不是流苏，它是活泼
的小精灵，在风里快乐地起舞……

流苏

流苏，啊，流苏，我发狂地爱着它。

那一年，日胜在沙特阿拉伯工作，我们分隔两地。

圣诞节时，他寄了一条披巾给我。手织的，雪似的白，披巾下沿，垂着穗状流苏。流苏，一条一条，纤瘦的、轻巧的、媚丽的、精细的，像千丝万缕的思绪。

日胜出国之前，我们常常一起欢度圣诞。

我穿上露背的曳地长裙，肩带细如柳条，配上有流苏的披巾，欢欢喜喜地和枕边人共庆圣诞，一个又一个的圣诞。披巾上的流苏，懂得自我节制，绝不抢你风采。你站着不动时，它亦悄然静立，像一排疏密有致的屏风，给你增添神秘的美感；当你徐徐走动时，流苏亦翩然而动，给你妩媚，给你活力。

我爱有流苏的披巾，所以，一看到便买。米色的、褐色的、黑色的、金色的，都有，独独缺了白色的；而今，丈夫远远地把它寄了来，它就摊放在桌上，一条一条的流苏，由桌面流到桌沿，像一道一道白色的泪痕。

窗外，有报佳音的，但是，我纵有美丽的披巾，又与谁共庆圣诞？纵有万种风情，更与何人说呵！

对着披巾痴痴地看，不知怎的，居然想起了张爱玲笔下那位白流苏（《倾城之恋》一文的女主角）。看着、想着，慢慢地，双眸之下，长长地挂了两条晶莹的"流苏"，水质的，很亮、很亮。

圣诞节过后不久，我飞赴埃及，与阔别多时的丈夫晤面。

时值冬天，我裹了那条白色的披巾，走在开罗街头。

风狂吹，头发飞散，裙子飞扬，而我的心，和穗状的流苏一样，飞得高高的；此刻，流苏在我眼中，不是流苏，它是活泼的小精灵，在风里快乐地起舞……而我，与丈夫挽着手，走在风中。

小·启示

披巾上的流苏，在注入了浓浓的情愫后，就变成了活泼的小精灵。情，不论是亲情、友情、爱情，都有着"点石成金"的神奇功效。

表面上，豆腐正一块一块地走向死亡，可是，当腐坏到了极致时，却不可思议地转化为另一种全新的生命。

腐乳风情

实在喜欢腐乳。

小小一方，貌不惊人，但却有五种味道蕴藉：咸、润、酥、腴、绵。只要轻轻用筷尖蘸一点放入嘴里，就好比在舌面上燃放五光十色的烟花，整个人变得金碧辉煌。

童年，有一个时期，我们在贫穷的夹缝里挣扎。餐桌上少鱼寡肉，母亲常在辣味腐乳里掺入细糖和麻油，让我们配搭白饭，在感觉上，那就是我们餐桌上的黄金。

成长后，在中国，我曾与腐乳有过一次美丽的邂逅。

那一回，到广州乡下闲逛。正是农闲时分，热忱的农夫邀我进屋喝茶。在庭院的阴凉处，看到了好几坛密封的陶瓷，农妇告诉我，那是她自家酿制的豆腐乳。我惊喜交集，蹲下，在触摸陶瓮的当儿，我不经意地听到了陶瓮里的喧哗。陶瓮里的豆腐，正一寸一寸地老去，灰白色的霉丝，好似岁月的痕迹，慢慢地在豆腐上面蔓延开来。表面上，豆腐正一块一块地走向死亡，可是，当腐"坏"到了极致时，却不可思议地转化为另一种全新的生命。这时，掀开陶瓮，那个香啊，能置人于死地。

那天中午，在农户家里享用午餐，农妇把自家栽种的新鲜菜蔬烫熟了，浇上以腐乳磨成的浓酱，那种千回百转的好味道，让人如遇初恋情人，意乱情迷。

然而，腐乳不是时时都让人愉快如斯的。

那一回，到云南昆明去，在商场里突然看到了一个个似曾相识的陶瓮，大喜过望，以为是当地农妇自制的腐乳，立马买了两瓮，千山万水地携回家。一开瓮，一股憋了许久的气味，毫不识趣地飞窜出来。一尝之下，哎呀，那腐乳，咸得像在吃盐巴，又臭得像个屁，白白亵渎了腐乳的好名声。打开垃圾桶，"咚咚"两声，就地正法。

腐乳和人一样，也是良莠不齐的。

同样是腐乳，却有着霄壤之别的味道。同样的，在社会上，也有人企图打着同样的名号而出售内容截然不同的东西，我们必须以慧眼来分辨鱼目和珍珠。

红薯，它不哗众取宠，不标新立异；
它恪守本分，淳朴老实。

永远的红薯

在南昌，上街溜达。

来到一个热闹的小集市，"烤红薯"这三个朴实无华的字，忽然地跃进了毫不设防我的眼帘。

欢喜地驻足。

卖烤红薯的小姑娘，掀开了铁皮炉的盖子，一团白白的烟气，有如久别重逢的亲人般，亲亲热热地扑上来。

铁皮桶内，热热闹闹地坐着好多好多胖嘟嘟的大红薯，一个个蠢蠢欲动，想跳到桶外，让食客们一亲芳泽。

空气里，弥漫着一股甜香的气息。

那天的南昌，受寒流侵袭，冷得不得了。把烫手的红薯揣在怀里，好似抱着一个小暖炉呢！

撕去了薄薄的皮，红薯的肉，丰满结实。当世间许多食物都不甘寂寞地以大甜大咸、大酸大辣等刺激感官的味儿来刻意讨好食客时，自甘淡泊的红薯，却一如既往，含蓄自重地把甜味蕴藏在灵魂深处。喜新厌旧的人，不爱它，嫌它无味；然而，世间的有情人、有心人，却往往会为了红薯那丝丝缕缕、若隐若现的甜味而魂牵梦萦。

南昌的记者黄斌，一提起红薯，便眉飞色舞地说：

"我觉得人生最大的享受，便是在冬天里一边看武侠小说，一边吃烤红薯。书里的世界，刀光剑影、杀机重重；手里的红薯，热气腾腾、香气缭绕。紧凑的故事情节弄得你一颗心千回百转，大气难喘；然而，那结结实实的红薯却让你饱肚安心、浑身暖和。"

红薯，这土里土气的食品，的确是有着永恒的魅力的。它不哗众取宠、不标新立异；它恪守本分，淳朴老实。

当你为各式各样金玉其外的现代食品意乱情迷时，它不吭一声，耐心地等你回头；而你，蓦然回首，它便在灯火阑珊处。

它是永远的知己。

在这个注重外表的时代里，像红薯这类食品，早已被归入落伍老土的名单里。然而，有实力的东西，是不会被淘汰的，红薯的黄金时代，迟早会卷土重来。

童年的甜，是亲爱的父母赐予的；成年的甜，却是靠自己的努力挣来的。

童年的甜

"麦芽糖，麦芽糖！"

这个暗哑的叫声，是童年里一个永远的诱惑。

麦芽糖，安安静静地躺在一个小小的木桶里。提着小木桶沿家挨户地叫卖的，是个脸上布满了风霜的老头儿。他的叫卖声，就像是一根根无形的绳索，随意一抛，便把各屋里的小孩全都捆得牢牢实实的，轻而易举地拉到身边来。

老头儿坐在小板凳上，踌躇满志地环顾四周有如蝼蚁麇集的小孩，微笑地掀开木桶的盖子。瑰丽的金光倏地窜出，小孩儿们推推搡搡，纷纷探头去看，"哗哗"之声不绝于耳，唾液像决堤的河水，在嘴里恣意泛滥。

老头儿慢条斯理地取出一根竹签，往桶内猛地一插、一提、一卷、一拉，一团麦芽糖，便缠绵缱绻地粘在瘦瘦的竹签上，在温暖的阳光下，得意扬扬地绽放着绚丽的亮光，把小孩的童年照得亮晶晶的。

随着社会的现代化，五花八门的零食纷纷涌现，与世无争的麦芽糖，在竞争里销声匿迹了。

最近，到四川省的省会成都，在望江楼公园，惊喜万分地和暌违已久的麦芽糖异地重逢。

"士别三日，刮目相看"，昔日土里土气的麦芽糖，已经脱胎换骨地变成另一种可供玩赏的零嘴了。一名中年妇女，坐在矮矮的凳子上，以精妙的手艺，将液状饴糖绘制成栩栩如生的动物、活灵活现的昆虫，赋予奄奄一息的麦芽糖以全新的生命力。

我拿着那条气势万千的巨龙，轻轻地咬了一口，薄薄的麦芽糖，脆脆的、甜甜的。

走了一段长长的人生道路而重新品尝麦芽糖，我却有了一番新的感悟。

童年的甜，是亲爱的父母赐予的；成年的甜，却是靠自己的努力挣来的。偏偏有人不明白这个浅显的道理而异想天开地奢望父母给予的甜能够延续一辈子。当有一天生活的苦味泛于味蕾时，他不反思自己的态度，却还执迷不悟地归咎于麦芽糖变质、变味了，着实令人慨叹啊！

　　"穷则变，变则通"，传统的麦芽糖不受孩子青睐而被淘汰出局，成都的民间艺人却以精湛的手艺让麦芽糖以崭新的面貌出现，重新俘虏了孩童的心。

她相信，她比这岛上的任何一个女人更有价值；这样的感觉，把她潜在的美全都激发出来了。

骆驼与奶牛

　　丁格尔是摩洛哥中部一个风情独特的山城，迄今还保留着许多古老的风俗。

　　在一个连风也微笑的早晨，我在一个宽敞的广场散步。一名摩洛哥人告诉我，每年9月份的第二个星期，要娶亲的男人，便会牵着骆驼，到广场的"新娘集市"来挑选新娘。那些有意出嫁的黄花闺女、想要再嫁的离婚妇人和寡妇，也都会在家人的陪同下，到广场来露脸。男人选中符合心意的女子，便当面与她亲人议价。最便宜的，可用一头骆驼来换娶；其他的，视条件的优劣而决定骆驼数目的多寡。

　　此刻，站在这个空荡荡的广场上，昔日曾经听过的一则故事，突然清清楚楚地浮上了脑际。

海员罗拔航行到太平洋的吉尼瓦塔岛去，听到当地人沸沸扬扬地议论当地一名富商的婚事；在谈论时，人人脸上都露着讥讽的笑容。原来这个名字唤作约翰尼的富商，上个月刚刚以八头奶牛换娶了一个资质中下的妻子莎丽塔。当地人是这样形容莎丽塔的："她相貌平平，骨瘦如柴，弱不禁风，走路时弯着腰，从不抬头，她甚至害怕见到自己的影子。"以当地的标准，只要付出四头奶牛，便可以换娶一个上上姿色的女子；莎丽塔呢，连一头奶牛也值不了。约翰尼这宗被视为"亏本生意"的婚姻，成了当地人的笑柄。

罗拔在好奇心的驱使下，登门造访这名被众人视为"傻子"的富商约翰尼。两人正交谈时，约翰尼以八头奶牛换娶的妻子出现了。她身材高挑，走起路来，娉娉婷婷，婀娜有致；又亮又活的眸子盛满了妩媚的笑意，气质迷人。这个女子，和众人口中的莎丽塔，着实有天渊之别。

当感到惊艳的海员把心中的感觉坦白地说出来以后，约翰尼微笑地说：

"没错，在结婚以前，大家都觉得莎丽塔至多只值两头奶牛，莎丽塔也因此觉得自己比别人矮了一大截。可莎丽塔是我青梅竹马的友伴，我十六岁离开家乡外出挣钱时，我俩已经有了婚约。如今重返故里，我要履行娶她的诺言。我刻意用八头奶牛来帮助她重新认识自己。现在，她相信，她比这岛上的任何一个女人更有价值；这样的感觉，把她潜在的美全都激发出来了。在我眼中，她是最美的女子。"

罗拔若有所悟地说："她，的确是我所见过的最美的女人。"

故事有着很深的含义。

伴侣、父母、上司、老师，都该细细咀嚼。

小·启示

自信，是天然的化妆品，由自信焕发出来的美丽，最是迷人；而有了信心的人，做起事来，往往也事半功倍。

夹带着茶香的卤汁从蛋壳的裂缝里钻了进去，蛋白、蛋黄和卤汁琴瑟和鸣，在味蕾上刻骨铭心地谱成了一阕永垂不朽的恋曲。

茶叶蛋

说起来难以置信，初次与茶叶蛋在台湾邂逅，竟是三十余年前的旧事了。

冬天的风，像出鞘子的剑，阴阴的、利利的，在钢骨水泥的森林里肆无忌惮地来回呼啸。穿了厚厚的大衣，缩着颈项，走在行人寂寥的街上。突然，一股浓浓的香味出其不意地从横巷里窜了出来，明目张胆而又穷凶极恶地想要攫取路人的魂魄。

那股香味，给人一种"龙蛇混杂"的感觉，就好像是在豪华歌剧院里跳艳舞、在严肃的课堂内唱流行歌曲一样的不协调。然而，正是这种雅俗共荣的不调和，让人一嗅难忘。

巷子里，一名中年妇女，神态安详地坐在小板凳上；圆圆大大的黑锅，不谙世事地坐在炭炉上。炉火一明一暗，香气源源不绝。

茶叶浮沉于墨黑的卤汁里，蛋壳龟裂一如旱季的田地。夹带着茶香的卤汁从蛋壳的裂缝里钻了进去，蛋白、蛋黄和卤汁琴瑟和鸣，在味蕾上刻骨铭心地谱成了一阕永垂不朽的恋曲。

啊，这是在台湾文学作品中屡见不鲜的茶叶蛋哪！

尊贵的茶叶是飘逸的、出世的；寻常的鸡蛋却是伧俗的、入世的；然而，现在，有人却异想天开地将它们撮合在一起，结果呢，阴差阳错地成就了一段好姻缘。

初尝的惊艳，成了一生的长长眷恋。

若干年后，茶叶蛋漂洋过海，成了新加坡随处可见的寻常小食。然而，这些茶叶蛋，总给我一种"皮笑肉不笑"的感觉，黑黑的卤汁，敷衍塞责地染在薄薄的蛋壳上；鸡蛋和卤汁虽然有肌肤之亲，但却同床异梦，各自为政。

重逢的感觉，竟是如此不堪。从此，在街头巷尾与它相遇，总绕道而走。

母亲知道我的馋、我的失落后，刻意从台湾好友处讨得祖传秘诀，慢火细熬地煮了一锅茶叶蛋，送来给我。一尝，立马"旧情复燃"，爱得难分难舍。哟，完完全全就是思念中的那种味道呀！

当天下午有聚会，我兴冲冲地拿去与朋友们分享，其中有个朋友羡慕地说：

"人到中年，还能尝到妈妈亲手做的小吃，可真幸福啊！"

我看着那锅香喷喷的茶叶蛋，卤汁里面，浮着母亲一个一个美丽的笑靥。

茶叶蛋之所以让作者念念难忘，是因为里面有着文学的烙印和亲情的滋润。

有一天，当石油开采完了，倘若国家又不曾未雨绸缪地开源节流，也许，南瓜就会真的变成一个会跑的车厢，永永远远地跑掉了。

会跑的南瓜

小时候，读童话《灰姑娘》，吸引我的，不是那双全天下只有一个女人才能穿上的玻璃鞋，而是那个肥肥圆圆、可爱又讨喜的大南瓜。在仙棒的点化下，它神奇而又神气地变成了豪华的车厢，与老鼠变成的骏马相互配合，载着盛装的灰姑娘，奔向那个改变她命运的舞会。子夜过后，使命完成，它又安分守己地做回一个朴实肥硕的大南瓜。

第一次邂逅体积惊人的南瓜，是在沙特阿拉伯。

黄昏，绚烂的晚霞把大地化成一张斑斓的地毯。我去逛瓜果集市，哎呀，几乎全世界的水果都麇集在这儿凑热闹了，西瓜、橘子、葡萄、芒果、香蕉、苹果、杏子、桃子、李子、樱桃等等，成箩盈筐，我有一种堕入童话世界的感觉。

走着、看着，啧啧惊叹。

突然，惊喜万分地驻足。

因为我看到了大南瓜。

富富态态的，喜气洋洋的，在地上堆成了一个小丘。霞光渐隐，大南瓜以身上的金光和争强好胜的暮色相抗衡。暮色浓了，南瓜皮上微弱的金光便显得有几分诡谲了。

欢天喜地而又吃力万分地抱了一个回家。在幽深的夜里，饶有兴味地看着它，不知道它会不会在子夜钟声敲响之前，出其不意地变成一个美丽的车厢，由白马拖着，直直奔向沙特阿拉伯的皇宫？

次日，剖开了这个连在梦里也让我垂涎三尺的大南瓜，那熠熠闪着的金光，给我的小白屋带来了一种罕见的瑰丽。

蒸南瓜糕，炸南瓜丸，煎南瓜饼，煮南瓜糖水；十八般武艺，全都使出了。

一个大南瓜，竟然变出了满桌丰盛的点心，仿佛一生一世也吃不完。

丰硕的南瓜出现在啥也种不出的沙漠里，犹如童话的再现。

沙漠地底下喷涌而出的石油，就像是无所不能的仙棒，将沙漠里虚幻的海市蜃楼化成了现实世界里巍峨的建筑；尽管土地贫瘠得寸草不生，可是，沙漠王国的子民，却能品尝到世界各地一年四季源源供应的水果。

然而，石油不是予取予求的，我们不会有一个一生一世都吃不完的南瓜，我们也不会有一个永远都取用不完的石油。有一天，当石油开采完了，倘若国家又不曾未雨绸缪地开源节流，也许，南瓜就会真的变成一个会跑的车厢，永永远远地跑掉了。

小·启示

地下藏有油矿的国家，是得天独厚的。然而，石油不是予取予求的，一个国家如果仗恃油产丰富而不及早开源节流，前途堪忧；这和家有祖业而坐食山空的情况是一模一样的。

> 婆母以她的快乐和爱心来征服岁月，
> 所以，无论如何也老不去。

征服岁月

年过八旬的婆母到新加坡小住，我们到飞机场去接她。

她步履轻快地从闸门走出来，手里捧着一个大纸盒。接过来时，沉甸甸的；不待我开口，她便笑眯眯地解释："是粽子啦，昨晚才包好的，还有余温呢！"到家以后，她又从行李箱内取出两个大木瓜，说："这木瓜啊，甜，有香气，特地带给你尝尝！"我拿在手上，忍不住惊呼："哟，那么沉！"婆母笑嘻嘻地说："它糖分多，才显重嘛！"

次日，带她到购物中心。事事好奇的她，只顾着浏览橱窗，一个趔趄，扑跌在地。我吓得魂飞魄散，飞蹿上前，可是，手还没有伸向她，她却一骨碌地坐了起来，快速站直，顺顺头发、拍拍屁股，向惊魂未定的我微笑，说："没事，没事呀！"

不出门时，她像一架风车，老是"无中生有"地找事来做。

米饼、虾饼、果酱、发糕、九层糕等拿手点心，轮番地做。在校上课的孙子们日日归心似箭，一到家便喊："婆婆，好香呀，又做了什么好吃的？"婆母满脸溺爱地把他们抱在怀里，亲了这个亲那个，说："今天有笋粿呢！"欢叫声立马响彻屋子。她意犹未尽，整天追着我说："快去问问你的爸爸妈妈，看他们喜欢吃什么，我给他们煮！"父母亲被她锲而不舍的热忱打动了，便老实不客气地说了，她喜不自抑，今天煮猪脚醋，明天炒糯米饭，后天焖冬菇鸡脚，把我父母宠得"珠圆玉润"。

她还喜欢做家务，厨房里的大锅小锅，全被她刷得晶晶发亮，可以当镜子来使用。屋内疏于打扫的一些阴暗角落结了蜘蛛网，她毫不苟且地以拖把将之一一捣毁；平时横行霸道的蚂蚁和无恶不作的蟑螂，一看到她来，便吓得落荒而逃。还有哪，她是花卉果树的"华佗"，能让所有营养不良的花和树重获新生，整个园子欣欣向荣。

婆母一来，孩子们如见救星，把我平时为他们补缀的衣呀、裤呀、裙呀全都取出来，要求婆母重新加工。婆母一件一件地验视，看到我拙劣的缝工，笑得几乎岔气。日胜居然也"落井下石"地把我替他补过的裤子拿出来给婆母看，婆母惊呼："哎哟，我还以为有条蜈蚣爬在你裤子上呢！"她夜以继日地拆线、重补；补过的衣物，针线密实、针脚齐一，完好如新。呵，谁敢相信一名年过八旬的老人有这等能耐！

婆母以她的快乐和爱心来征服岁月，所以，无论如何也老不去。

在她面前，岁月之神不敢造次。

小·启示

要让生命之树持续不断地繁茂滋长，我们就必须拥有一颗不老的心，用快乐和爱不断地灌溉生活。

长在心中的这棵"欲望之树"，有时比洪水猛兽更可怕。

欲望之树

其实，那只不过是一套剪纸图片集，可是，女儿疯狂地想要它。

自从在迪士尼乐园观赏过舞台剧《美女与野兽》（Beauty and the Beast）之后，女儿便深深地着迷了。

她搜购各种不同版本的童话书、彩色画册、音乐卡带、录像带、卡通徽章，等等，把行李装得鼓鼓囊囊的。

有一晚，在洛杉矶，到闹市一家书店去。在书架上看到这套《美女与野兽》的剪纸图片集，女儿高兴得仿佛在黑夜里看到了太阳。去付账时，发现人龙很长，这时，已是傍晚六时许了。我提议先去用餐，吃完饭后再倒回来买。

在餐馆，对着平素最喜欢的牛扒，女儿食不知味。她频频看表，盘子一空，便催我：

"走啦，去买！"

去了，可是，那家店却已打烊了。

此刻，女儿心里那棵"欲望之树"的枝叶把她缠得好苦好苦，站在紧闭着的店门前，九岁的她，咬着下唇，大颗大颗的泪珠"吧嗒、吧嗒"落地有声。

次日，离开洛杉矶，飞往芝加哥，之后，再续程华盛顿、纽约、波士顿。每到一个地方，女儿便吵着上书店去找那套《美女与野兽》剪纸图片集。说也奇怪，我们竟像是在海底捞针，硬是找不到；正由于买不着，她心中那棵"欲望之树"长得益发茂盛了。一提起这事，她便眼圈发红，泫然欲泣。

折腾了一段日子后，终于在水牛城的书局里买到了。她的欢喜显山露水，整张脸像在"噼噼啪啪"地燃放烟花。

一回返旅店，立刻趴在床上，拆开图片集，意兴勃勃地大玩特玩。美女与野兽，衣服各有五套，换来换去，一个多小时之后，便再也变不出什么新花样了。

放进行李，任由它自生自灭。

这套千辛万苦、流泪流汗地买回来的剪纸图片集，就只玩了仅仅的一次。

长在心中的这棵"欲望之树"，有时比洪水猛兽更可怕。

小·启示

　　每个人的内心都埋有或深或浅的欲望，如果我们让这欲望的树苗毫无节制地生长，后果堪虞。我们需要缰绳来控制野马，同样的，我们需要理智来遏制欲望。

有一天，当莘莘学子扬起锋利的长剑在空中划出一道道亮丽的虹光时，他们当能在灿烂的光影中看到老师欣慰的笑脸。

剑与刀

在杂志上读及一则寓意深长的短文。

作者忆述，当年求学时，校中两名老师留给学生截然不同的印象。

甲凶巴巴的，纪律极严，课堂内鸦雀无声，课后作业多不胜数，学生们背地里喊她"母老虎"，谈起她时都咬牙切齿。

乙呢，刚好相反，外号是"圣诞老人"，一迈入课室，闲话一篓篓，功课半点无；课室内人人谈笑风生，皆大欢喜。

现在，这个离开校园好几年的青年，以深思熟虑的笔调写道：

"当年为我所痛恨的那位老师，给了我一把锋利的剑，使我进入武林后有了充分的自卫与反击能力；至于那个大家都喜欢的老师呢，给我的却是一把玩具刀，当初爱不释手，然而，真正想用它而拉它出鞘时，却发现它一无是处！"

寥寥数语，醍醐灌顶。

许多当教师的，都有共同的经验，每每把作业分配给学生，他们都会脸若黄连，叫苦不迭：

"哇！这么多！哪里做得完！"

这个惊喊声，毫无掩饰地凝聚着厌烦、无奈与不快。只是，他们没有想到，教师教导整整五班的学生，每班四十人，每份作业一派发下去，教师便得苦苦地伏案改上两百份！

对于负责任的教师来说，明明知道学生不喜欢额外的作业，明明知道学生痛恨排山倒海的测验，而且，他们也清清楚楚地知道，多一份作业、多一份测验，也就意味着多一份辛苦、多一份操劳，可是，俯首甘为孺子牛的他们，甘之如饴。

将一把把精心铸造的利剑送到一批批学生手上，安心而又放心地让他们去打天下。至于学生是不是心存感激，那是不重要的。

肯定的是，有一天，当莘莘学子扬起锋利的长剑在空中划出一道道亮丽的虹光时，他们当能在灿烂的光影中看到老师欣慰的笑脸。

小·启示

　　桃李不言，下自成蹊。教书是良心工作，教学的成果往往就取决于教师的工作态度。教师表现如何，莘莘学子心中都有一把尺。

心里的那只鬼，比任何杀伤力都大、都强、都厉害。

心里那只鬼

一日，车子在高速公路上飞驰，左边车道的一名善心人，指指我的轮胎，做了一个手势。

咦，是轮胎气压不够吗？或者，轮胎正在漏气？

这样想着时，我突然感觉到车子出现了令我不安的震动；可是，由于置身于高速公路，无法停下来检查，我心里生出了一个小小的疙瘩。

车子继续行驶着。然而，过了不久，另一个好心的司机，又指了指我车子的同一个轮胎，以食指不断地画着无形的圆圈。啊呀，莫非我车子的轮胎要"投奔自由"了？有冷汗从我额头泌出，这时，我觉得连轮盘都在颤动了，有把持不住的感觉。

第三个善心人，是一名计程车司机，他把车窗摇下，向我大声喊道："轮胎！你车子后边的轮胎，出了问题！"他语音甫落，我感觉到整辆车子都好似倾斜到一边去了，心悸万分地放慢了速度，在高速公路找了个出口，心急如焚地驶了出去。

离开大路不远，有家修车厂。一停下车子，我便把头从车窗伸出去，对迎上来的工人绘声绘影地说道：

"轮胎出了问题，可怕极了，整辆车子都在震动，而且，倾斜到一边去了。"

工人绕到车子后边，蹲下来，一看，便"噗嗤"一声笑了起来，说："轮胎哪有问题！只不过是轮胎的盖子松脱罢了！"

我下车去看。果然，那个盖子，松松地罩着，我用手碰了碰，它便"哐当"一声掉了出来。

工人解释道：

"当车子以高速行驶时，松脱的盖子造成了一种错觉，看起来好似轮胎不稳，不断地在跳动。实际上，它对驾驶，不会造成任何恶性影响！"

疑心生暗鬼。

心里的那只鬼，比任何杀伤力都大、都强、都厉害。

心里有鬼，往往会导致我们做出错误的判断；因此，我们必须想方设法压制心里的那只"鬼"，不让它壮大。

我跑得快，只是为了摆脱黑暗。

....

摆脱黑暗

在美式足球界以奔跑奇快驰名的迪安·桑达斯（Deion Sanders），过去在接受记者访问时，坦白地披露，他小时候住的房子四周都是坟墓。每天下课后，他都到康乐中心打球，晚上回家，经过那些阴森森的坟墓，总幻想那些可怕的鬼魂会从坟墓中爬出来抓他，这样恐怖的念头总让他怕得冷汗直冒。后来，他想出了一个应付的方法，打完球后，他站在康乐中心的路旁等着，有汽车经过，他就跟着汽车，拔足朝同一方向跑，能跑多远便跑多远，尽可能在车头车尾灯光的照射下跑抵家门。夜夜沿路狂奔，终于练就了他长跑快奔的特技。他一语双关地说道：

"我跑得快，只是为了摆脱黑暗。"

啊，他跑，跑跑跑，只是为了摆脱黑暗。

这话，令人击节叹赏。

多数人在面对恐惧时，往往选择逃避。

一名少年，由小到大，夜夜坚持亮灯睡觉。小时，母亲任由他去，但是，现在，已经17岁了，依然如此。母亲屡劝不改，十分懊恼，求助于我。

几次与他交心长谈，他终于透露了内心深处不为人知的恐惧。原来在他童年时，曾目睹因病夭折的弟弟装殓下葬，那种印象，是毕生难忘的震撼。他以余悸犹存的语调低声说道："压上棺盖的棺材，黑黑的，可怕极了！"害怕棺材，害怕死亡，使"黑暗"成了他永远的梦魇。

实际上，这名少年只要了解了"生"与"死"是人生无可选择而又无可避免的一个自然过程，以平常心面对它、接受它，便可以理智地摆脱心中的阴影了。问题是，当年不幸发生时，悲伤过度的父母忽略了长子心灵的脆弱而过后又不曾正视这件事所带来的"后遗症"，拖到今日，当然是积重难返啦！

一名日理万机的朋友，有大智又有大勇，排山倒海的工作压不倒他，难若登天的任务难不倒他；泰山崩于前而色不变，前路迂回艰险而他泰然处之。问他"无惧"之秘诀，他淡然笑道："人生无常，生命无定，每天早上醒来，双眼一接触到阳光，我便欣慰地知道，我还好好地活着，我于是竭尽所能，把这一天过得充实圆满、美好无憾；倘若第二天醒不过来呢，也就一了百了，又有什么可惧可怕、可忧可烦的呢？"

是的，当一个人连死亡也能坦然面对时，人世间又有什么可令他害怕的？

亲爱的朋友，你心中有使你坐立不安的"鬼魅"吗？不要当一辈子的驼鸟，狠狠地揪它出来，面对它、摆脱它，切切不要在自设的"囹圄"里杯弓蛇影地过一生。

小·启示

每个人的心中，都可能盘踞着一个让我们害怕的阴影，如果我们选择逃避，阴影可能会越扩越大，最终吞噬了我们；反之，如果我们坦然面对、勇敢对抗，便有希望摆脱它。

> 尊重别人的感受，也是自我尊敬的一
> 种方式。

直话直说

一向自诩有"直话直说"的优点。

朋友阿燕精于厨艺，上至气象万千的佛跳墙，下至朴实无华的糕饼点心，全都得心应手地做得可口万分。她性子慷慨，常与人分享各式美食，人人赞不绝口。

最近，在一个聚会里，她带来了凤梨酥。我一尝，便觉得不对口味，立马直话直说："嗳，饼皮太硬，馅料太甜了，不好吃耶！"才一说完，便发现她脸色发霉，但是，出口的话像是出笼的鸟，收不回。这时，她从纸袋里取出了八盒凤梨酥，送给在场的几个朋友，然后，把剩下的一盒放回纸袋里，冷着脸，说："既然你不喜欢，我就没有必要给你了。"我很难堪，也很难受。让我难堪的，是她坚硬如石头的语气；让我难受的，是她冷若冰霜的脸色。我心想：真心话，真的是苦口良药啊，阿燕原来只爱蜜糖不爱黄连呢！

回家后，和女儿谈起这事，不料她竟飞快地说道：

"妈妈，是您不对。您当着众人面前，赤裸裸地把缺点一下子揪出来，她当然受不了啦！您应当先讲讲优点，再私下委婉地把缺点指出来啊！"

一语惊醒梦中人。

做人这件事，真是活到一百岁也学不足呵！

次日，见到阿燕，我表达了歉意，她心无芥蒂地说道：

"在聚会前一晚，为了让大家尝新，我足足做到凌晨三点，虽然腰酸背痛，却还是满心欢喜。凤梨酥是刚学的，当然有不足之处，然而，你一连三句否定的话，着实让我觉得十分扫兴。其实，你说得一点儿没错，那凤梨酥的确做得不好。改天，我再让你尝尝改良式的，好吗？"

一番交心的话，将彼此心里的阴霾一扫而光。

实际上，"直话直说"并不是优点，而是一种缺乏情商的说话方式。

不成熟的人往往以此作为幌子，赋予自己一种任意伤人的"权利"，快嘴快舌地伤害了别人的感情之后，还洋洋得意地说："我这人嘛，就喜欢直话直说！"

成熟的人，会以糖霜裹住黄连，才小心翼翼地送出去。

尊重别人的感受，也是自我尊敬的一种方式。

　　人与人之间的交往，贵在真诚，但毫无技巧的直话直说，有时候却会成为伤人的武器。说话时照顾他人的感受，才是友谊长存之道。

屁，短，声味兼具，以多种形式呈现，来时充满戏剧性，去时了无痕迹。

人生如屁

朋友以悔恨加怅恨的语调告诉我一则陈年往事。

那一回，约了一个心仪的女子到湖上划舟。第一次约会，又是处在那种男女社交不是很开放的年代，难免有些拘束。小舟划至湖中心，月很圆，风很柔，湖面如绸，气氛绝佳。千不该、万不该，就在这个"此时无声胜有声"的旖旎时刻，他肚子一阵咕噜乱响，一个熏天的臭屁飞蹿而出，初时声如裂帛，嘶嘶作响，继而大鸣大放，整个湖面，弥漫着一大团"黑色的烟花"。那女子，出身于书香之家，何曾遇过这等尴尬欲死的场面，一张粉嫩的脸，如被铁烙，又烫又红；他呢，恨不得立刻变成湖面上的一股风，飞卷而逝；然而，此刻，坐在狭窄的小舟内，莫说飞走，即连转身的余地也没有，两人还得面对面端端正正地坐着哪！他讪讪无言，她垂头无语。划呀划呀，到岸时，她冷着脸说："我要回家了。"他应："好。"

两人从此不再晤面。

认真检讨，这事，双方都有错。男的失于不够坦然。其实，他当时只要态度诚恳地道个歉，便可化解狼狈于无形了，偏偏，他选择了沉默。女的呢，不够大量，明明知道这是生理无法控制的，却错误地把这当成是没有教养的表现，让对方下不了台。

一段好姻缘，就这样被一个屁不明不白地破坏殆尽了。

在文学作品中，"屁"常常被应用为"人性的探测器"。贾平凹在《浙江日记》中就说了一则别具意义的故事：公车上一声屁响，空气污染，众人纷纷指责谁放的，却始终无人承认。售票员就喊："没买票的快买票啊！谁还没买？"车上没人应，售票员就数人数，说："还有一个人没买票，刚才放屁的那个买票了没有？"立即一个人说："我怎么没买，我一上车就买了的！"

隐地的《心的挣扎》里，也有一段"屁话"：一个响屁把她惊醒，原来又是丈夫，丈夫说："这就是家居生活，别人是听不到的！"——门前是一种景观，门后又是一种景观，生活的景观亦有诸种面貌。

近读一则笑话：一名贵妇和一位绅士同座用晚餐，贵妇忽然忍无可忍地放了一个响屁，为了掩饰窘态，她急忙大力拉动椅子，制造响声，这时，绅士转过头来，彬彬有礼地说道："夫人，我觉得第一声比较像。"

隐地在《校后记》里提及他在学校读书时，同学有句戏语："人生如梦，梦如烟，烟如屁！"他痛快淋漓地说："人生其实只是一个屁！"

言之有理。

屁，短，声味兼具，以多种形式呈现，来时充满戏剧性，去时了无痕迹。人人应付和处理屁的态度与方式截然不同，所以呢，我们便有了青红蓝白黑黄紫缤纷多彩的人生。

小·启示

人生如屁，有的无声无臭、平平无奇；有的呢，大鸣大放、缤纷多彩。要放一个怎么样的"屁"，决定权在你。

艺术，当它以完美的面貌呈现于人前时，背后那漫长而艰辛的道路，肯定充满了血与泪的挣扎。

艺术之路

有人参观画展，看到一幅以锦鲤为素材的画作"赫然"标价三万元时，大惊小怪地喊道："哇，活的锦鲤，就算是罕见的珍贵品种，叫价也不必那么高。"画家好整以暇地答道："那么，请问：您可曾品尝过齐白石老先生所养的虾？您又可曾骑过徐悲鸿先生所养的马？"

另有一个人，向一位精于绘鸟的画家求画，约好三天后去取。画家开出的价格让他大大地吓了一跳，他结结巴巴地说："你才花了三天的工夫而已，怎么可以要此高价……"画家气定神闲地应道："您看过石匠凿石吗？他在同一块巨石的同一个位置上敲了一千次，但是，石块依然保持着原状，可是，就在他敲上一千零一次的时候，巨石突然崩裂开来——不是这特殊的一次使石块裂开，而是先前敲的那一千次。"说着，他开启了画室的大门，里面，描绘鸟儿各种动态的草稿叠得和天花板一样高。

艺术，不论是动态的抑或是静态的，当它以完美的面貌呈现于人前时，背后那漫长而艰辛的道路，肯定充满了血与泪的挣扎。遗憾的是，众人往往钦羡台前的风光而忽略了台后的拼搏。

台湾以绘荷驰名画坛的席慕蓉，在《荷花七则》一文里，便借一桩真实的小事说出了自己悲酸的心情。有一回，在画展上，一位观众对她说道："你的生活真令人羡慕，轻松又潇洒，像你画的荷花一样。"她在不被了解的悲哀里，以一种近乎控诉的笔调写道："他如果到过我深夜的画室，看过我憔悴的苍白的脸，看过我因为用力钉画布而破皮而流血的手，看过我一次又一次撕毁的草稿，看过我因为力不从心而流下的眼泪之后，他还会继续羡慕我的生活吗？"还有，还有呵，为了画荷，她得观荷；为了观荷，她得养荷；为了把荷养得好，她必须到水沟里挖那冒着泡泡又脏又臭让人头皮发麻的黑泥，放入那又沉又重只抬一步便汗流浃背的大水缸里，再狼狈万分地请邻居帮她合力扛回家去；如此辛苦，满心只想"画出一朵与众不同的花来"！

收笔之前，再说说一则小故事。

一名记者问一位遐迩闻名的歌唱家："您的歌唱技巧已达炉火纯青的境界了，为什么还得每天花时间练习呢？"他淡定地答道："假设我一天不练，便会觉得喉咙发涩；如果三天没练，我的朋友就会知道；倘若一个星期不练呢，所有的听众都会听得出来。"

写作也是一样的，每天笔耕不辍，为的就是不要让笔头的锈渍流到纸上去啊！

"台上一分钟，台下十年功。"艺术家所走的道路，荆棘满布，那种艰苦的磨练，那种寂寞的煎熬，不足为外人道也；而他们取得的成就，也正好证明了"一分耕耘，一分收获"这个放诸四海皆准的道理。

是铁便只能打成铁器，是铜便只能铸成铜器。

铁与铜

朋友阿莹，有一双精于女红的手，细细长长，柔若无骨，缝纫、绣花、针织无所不能。

针，一落入她手，不管长短粗细，都有了活泼的生命力。缝衣缝裤、绣山绣水、织帽织袜，随心所欲。最绝的是，她还能一心二用，一双眼，紧紧盯着荧光屏，为肥皂剧中男女主角的悲欢离合而乐而愁；一双手呢，却没闲着，两根小棒子，灵活无比地在五彩绒线当中来回穿梭。戏演完时，她手中的小外套也已织成了一大半。

阿莹也精于插花，水仙、百合、玫瑰、菊、天堂鸟、康乃馨，不论是什么形状、什么色泽的花卉，经她轻轻一摆弄，随意一配搭，通通都成了世间的有情物，会露笑靥，会抛媚眼，满室生辉哪!

这个长了一双巧手的朋友,有一天想要学驾车。

分明是无比灵巧的手,可是,一放到驾驶盘上,便显得又笨又重,她能将两根织衣棒使得出神入化,却不能把一个简简单单的驾驶盘转得"恰如其分"。

学车时吃尽了苦头,考车时却又连连栽跟斗。

一次失败,两次失败,三次四次五次……依然还是失败。

经历过八次滑铁卢之役之后,她到我家来,眼泪汪汪,频频自责:

"我从来不知道,自己竟然是如此愚蠢的……"

我一声不响地从贮藏室里取出了孩子的一件旧衣裳,递给她看。

她一看,双眼明明还噙着晶亮的泪水,双唇却笑成了一弦弯弯的月亮,问道:

"噫,手工这么拙劣,究竟是谁缝的?"

那件衣服,是我到缝纫学院学了几个月后的"成果",衣身缝线歪歪斜斜,纽扣洞眼大小不一,糟到了极致。我的师傅看了,忍不住附在我耳边悄悄地说道:"请你千万不要告诉别人你曾在我这儿学过缝纫啊!"

知道自己在缝纫上全无天分,从此与针线诀别,朝别的方面发展。

阿莹从我这件缝工蹩脚的衣服里得到了启示,高高兴兴地回家去了。

天生我材必有用。

真的。

是铁便只能打成铁器，是铜便只能铸成铜器。

铁器有铁器的棒，铜器有铜器的好。

小·启示

接受自己的短处而不自卑，发扬自己的长处而不自炫，每个人都可以在自己擅长的领域里发光发亮。

使我惊讶的, 倒不是她只身上路的这一股勇气, 而是她丝毫没做任何准备便云游四海的这份随意。

洒脱

当月亮从群山中飞跃出来时, 黄昏还不太老, 就在这一片暮色与夜色交错的暧昧景致里, 我看到了她。

穿着一袭褪色的巴基斯坦传统服装, 蹲在路边, 吃竹枝串烤牦牛肉。我也蹲了下来, 对摊贩说: "给我四串。"她转过脸来看我, 那一整排不甘寂寞地暴露在上唇外面的牙齿, 星星点点地溅满了友善的笑意, 随手从身旁的纸袋里取出一个巴基斯坦面包, 掰了一大块, 递给我, 说: "烤肉串很咸, 配面包吃吧!"

这个名字唤作陈水丽的女子, 来自台北。原本在一家贸易公司工作, 厌倦于大都市尔虞我诈的钩心斗角, 辞职不干, 计划以一整年的时间游览巴基斯坦、尼泊尔、孟加拉、印度、黎巴嫩等国。使我惊讶的，倒不是她只身上路的这一股勇气，而是她丝毫没做任何准备便云游四海的这份随意。

她坦言，出发时，身上只带几本薄薄的旅游手册，到达目的地后，便入住青年旅舍，在那龙蛇混杂的环境里积极交友，从不断的攀谈中搜集最新的旅游资料。她得意扬扬地说：

"嘿，你手上的旅游指南《孤独行星》，是去年出版的；我呢，从别人口中探取而得的信息，却是昨天或今天的资料，新鲜而又准确哪！"

她没有固定的旅游计划，全凭感觉走，走到哪儿，玩到哪儿。由于她打算在外"浪荡"一整年，所以，任意挥霍时间；有时，爱上某个小村庄，一住便是十天半月。

年轻，又是单身女子，独自旅行，难道不担心安全问题吗？

对此，她哈哈大笑，暴突的门牙，圈不住飞喷的唾液；好不容易止住了笑声，才自嘲地说：

"你看看我这副尊容，难道还会有人想要劫色吗？"说着，又拉起了衣服的下摆，向我出示了大大小小几个破洞，说："你瞧，这衣服，是我从旧货摊买来的。你想想，怎么会有人想要抢劫一个衣衫褴褛的人呢？"

一番妙趣横生的自我调侃，笑得我打跌。

接着，意犹未尽的她又侃侃说道：

"我到巴基斯坦的第一天，兑换了两百美金，哇，足足有一万多卢比哪，沉甸甸的一大摞，好像砖块。我用白布裹了，绑在肚兜上，再罩上这袭长袍，活脱脱一个孕妇的样子，每次搭公交车，都有人让座呢！"说毕，又是"哈哈哈"一阵豪爽的笑声。

吃过了烧烤肉串之后，我们相偕到附近的小店买水果。我买樱桃和葡萄，她买的却是包菜和菠菜，她兴致极高地说道：

"我昨天以包菜和菠菜为馅，包斋饺子，在油锅里炸香了，宿舍里的洋人一个个吃得神魂颠倒，拼命央求我再炸给他们吃。明晚，你来，我们一起吃，如何？"

我当然想去，遗憾的是次日一大早便得离开了，只好惆怅地在路口与她挥手道别。

看着她一蹦一跳地朝宿舍走去的身影，我心想：这个女子，着实为"洒脱"一词作了最好的诠释。

小·启示

当厌倦了城市中的尔虞我诈，不妨暂时离开生活的轨道，踏上随心所欲的旅途，借以释放日积月累的压力，彻底洗涤蒙尘的心灵。

火车好似是个雏形的"大千世界"，让你看尽众生百态。

黑名单

人在旅途，乘搭最多的，便是火车。

为了能够舒适地欣赏窗外旖旎的风光，我买的通常是包厢的位子。

一个包厢可以坐上六个人，运气佳，碰上好"乘客"，一路上天南地北，其乐融融；倘若倒霉地遇上"恶邻"，那一趟行程，可就令你叫苦连天啦！

以下几类"火车客"，就是被我列入"黑名单"的。

"烟客"最可恶。

一坐定，便迫不及待地掏出香烟，眯着双眼，吞云吐雾；小小的一节车厢，烟雾迷蒙，空气高度污化。一根抽完了，又来一根，车厢永远充满"朦胧美"，天长地久有时尽，此"烟"绵绵无绝期！

印象里，东欧居民，有许多都是名副其实的"烟客"。

"说客"最烦人。

一双好友，坐在你面前，声如洪钟，气胜长江。两个人一唱一和，滔滔不绝地谈个没完没了，那震耳欲聋的噪声，好似一卷坏了的录音带，在你可怜的双耳旁一遍又一遍地重复播放；星星点点的唾液，也毫不识趣地到处飞溅。这时，你心中最大的愿望是有个耳塞、有把雨伞，挡噪声、遮唾液。

在印度的火车上，这一类"说客"，多如恒河沙数。

"吃客"极可厌。

好像已经饿了几个世纪了，一进车厢，便化身为蝗虫，把早已买好的东西一包包地打开，吃吃吃，吃吃吃。油腻腻的手、油淋淋的嘴，把整个车厢化为一个"大油缸"。有些食物，香料多，气味浓，熏得你鸡皮疙瘩掉满一地。抵达目的地而步下火车时，你的身上，早已百味麇集了！

在中东诸国乘搭火车，常常碰到这类"吃客"。

"睡客"最难忍。

不是正襟危坐地睡，他东歪西倒，整颗头颅，毫不客气地朝你的肩膀亲昵地靠过来，你闪开了，他头颅"落空"，不但不"悬崖勒马"，反而"再接再厉"，进一步地靠拢，弄得你坐又不是，站又不行，逃又不甘，狼狈不堪。还有一类自私的睡客，把他穿着袜子的那一双脚大大方方地搁在你旁边的空位上，袜子发出的臭气和他口里发出的鼾声，恣意蹂躏你的嗅觉和听觉，这时，窗外风景纵然美得"不似在人间"，你也无法、无心欣赏了！

这类"睡客"，处处都有，其中又以心浮气躁的年轻人居多。

火车好似是个雏形的"大千世界"，让你看尽众生百态。

小·启示

乘搭火车，能窥见众生百态。那些被作者列入"黑名单"的乘客类型，充分地揭示了人性的丑陋及品德修养的低劣。唯有彼此尊重，才能有和谐共处的可能。

额上既深且长的皱纹，是对现实艰苦生活的无声抗议，偏偏嘴边的笑纹却又坦然地泄露了她们与世无争的心态。

笑脸娃娃

从来没有看过这么鲜丽而又这么粗糙的洋娃娃。

说它鲜丽，是因为它五彩缤纷，大红、大绿、大紫、大黑、大黄，诸色齐集一身，像一道静止的彩虹。

说它粗糙，是因为它针线蹩脚、手工拙劣。

摆卖它们的，是墨西哥的印第安土著玛雅妇人。

黧黑的脸上，刻着岁月的沧桑。额上既深且长的皱纹，是对现实艰苦生活的无声抗议，偏偏嘴边的笑纹却又坦然地泄露了她们与世无争的心态。

曾经一度在墨西哥文化、艺术、天文、数学、工程、建筑等方面创下辉煌功绩的玛雅人，如今已全然没落了。他们当中，有许多迄今还住在无水无电的简陋茅屋里，无可奈何地守着过去千百年来的古老传统，过着被世人遗忘了的、近乎发霉的日子。

生养极多的玛雅妇人，在入不敷出的贫困里，以她们一只只大如蒲葵扇的手，缝出一个个绝不精致的洋娃娃。然后，在日落西山的薄暮时分，在人来人往的热闹集市里，摆个地摊，让那一个个不知人间愁苦的洋娃娃快快乐乐地坐在地上，恬然自得地展示她们朴实无华的美丽。

洋娃娃的眸子、鼻子、嘴巴，都是用碎布因陋就简地粘上去的。圆圆的双眸，闪着善良的笑意；扁扁的鼻子，挂着无邪的笑意；弯弯的唇儿，露着知足的笑意。

我想，笑意盈脸的玛雅妇人在缝制它们时，也许不小心把自个儿脸上的笑意一并缝了进去，所以，娃娃们才会个个笑脸迎人吧？

一口气买了六个。

把它们藏在家里，好似藏了六个善良而又快乐的灵魂。

小·启示

　　曾经辉煌而今没落的玛雅人，住在陋屋里，以制作手工艺品维持生计。尽管家徒四壁，捉襟见肘，她们却千方百计地把微笑织成娃娃的脸，展现出知足常乐的人生哲学。

这双长而阔的手做起事来，快如轮转；可是，一碰上细致的手艺，便自动升白旗了。

大手

我生就一双大手。

这双长而阔的手做起事来，快如轮转；可是，一碰上细致的手艺，便自动升白旗了。

且说烹饪。

不是夸口，我烹饪的味道，的确不赖；可是，大手做不来细活，做出的点心和菜肴，卖相绝对不佳。

有一天，一个朋友教我包饺子。擀好了饺子皮以后，只见她这里捏捏、那里搓搓，掌心里便出现了玲珑可爱的饺子，雪白雪白的，饱满饱满的，好似活灵活现的小老鼠，可爱绝顶。

我如法炮制，然而，用同样的饺子皮，以同样的方法去搓、去捏，弄出来的饺子，却是又粗又大的，伏在盘里，宛如只只笨重厚实的木屐。孩子们看了，笑得前俯后仰，乐不可支。饺子煮好而盛在碗里后，女儿一面大口地吃，一面笑嘻嘻地说：

"妈妈，这些白枕头，味道真好！"

我学做薄饼，以快刀斩乱麻的方式切了一大锅沙葛，煮好。

客来，一看，便呼天抢地：

"唉哟，我没有看过比这切得更粗的配料哪！"

的确粗，一根根好像火柴杆。

面子下不去，凶巴巴地应：

"你的肚子又没亮灯，粗细管它！味道好，才重要。"

众人觉得有道理，点头称是，快快活活地把那一大锅"工粗味佳"的沙葛吃得点滴不留。

实而不华，远比"华而不实"好。

做人、说话，莫不如是。

小·启示

这是一个注重包装的时代，大家都把外表看得比内涵重；而这，是一种本末倒置的做法。

那些陶器，就像夕阳照射的柿子一
样，闪现出来的光采，艳丽，绚烂，辉煌。

柿子

　　冬天的风，凄冷阴寒，铅灰色的天幕，仿佛冻僵了，看起来
硬邦邦的，没有了平日的妩媚。彳亍于日本奈良僻静的小巷内，
一片艳光猛地撞进眸子里。

　　我驻足而观，双目立马变得斑斑斓斓的。

　　种在庭院里的那棵树，不很高，瘦而直，空秃秃的枝丫上，
沉甸甸地挂满了大熟的柿子，那种熠熠发亮的橘黄色，狂放而又
浪漫。啊，这是那树倾尽全力酝酿出来的艳色。也许，柿子知道
生命苦短，才不顾一切地自我焚烧，烧出一季醉人的酡红，把肃
杀沉郁的冬季点亮。由于叶子全都落尽了，累累果实无可掩藏，
那一份美，因而显得恬静而又霸气、娇弱而又坚强、矜持而又活
泼、含蓄而又大胆。

一树喧嚣，满园冷寂。

痴痴地看着时，一则古老的传说，蓦地苏醒于记忆中。

日本有个手艺精湛的陶匠，年复一年地在窑子里烧出了一批又一批形貌相似的陶器，自得其乐。

一日傍晚，外出散步，行经柿子园，抬头，无意间看见金色的夕阳落在大熟的柿子上，霞光流溢，那种汹涌澎湃的艳丽，那种达于极致的绚烂，那种惊心动魄的辉煌，使他目瞪口呆，震撼莫名。

良久、良久，夕阳下山后，他才在弥漫的暮色里，踉踉跄跄地回家去。

他在闪烁的泪光中喃喃自语：

"啊，一个人，只有烧出像这种绝色的陶器，才对得起这门千百年流传下来的铸陶艺术，也才不虚度这一生。"

他将烧好的陶器"哐当哐当"地摔破了，闭门练功。

他废寝忘食，发狂地研究，不断地实验，可是，一批批烧好的陶器，总被失望的他化为满地碎片。

年复一年，不屈不挠，屡败屡试。

若干年过去了，他鬓已星星。终于，有一天，他看着从窑子里取出来的陶器，又惊又喜，泪流满腮。那些陶器，就像夕阳照射的柿子一样，闪现出来的光彩，艳丽，绚烂，辉煌。这种亮光，和铸陶大师斑斑的白发相互辉映，形成了一种旷世而又隽永的美丽。

啊，是穷尽毕生的努力，加上永世的坚持，才能把漫长的岁月熬炼成光辉灿烂的艺术品呀！

此刻，走在奈良幽静的巷子里，我强烈地感觉，每一棵柿子树，都是一个活的启示。

小·启示

完美，是艺术工作者一生不懈的追求。

惊艳、惊悸、惊喜、惊怒，小小一颗
仙人掌果实，却让我品尝了一整个人生的
滋味。

人生的滋味

那一年，住在沙特阿拉伯。

一日，无意间发现屋外那坚韧挺拔的仙人掌结出了一球一球
璀璨瑰丽的果实。那种感觉，犹如看到百岁老妪平白无故地生出
个大胖儿子一样，无限惊喜。

累累果实，因成熟度的不同而呈现出嫩青、淡黄、橙红、艳
红等色泽，好似一棵灿然生光的宝石树。

看中了一颗大熟的，喜不自抑地伸手去摘；然而，万万想不
到，手掌才一触及果子，立马痛彻心扉，惊喊出声。将手缩回，
细加验视，这才发现，果子上，密密麻麻的，都是细若绒毛而又
尖如钢针的小刺！

多如牛毛的刺，根根入掌，手指一动，便痛不可当。最为麻烦的是，它细如毫发，清除不易。耐心地以钳子一根一根地挑、夹、拔，足足弄了一个多小时，才勉强地清理干净了。

心中有气，决定吃它。

戴上塑料手套，找来刀子，毫不留情地把它居中剖成两半，果肉在艳红里透着嫩黄，中间有点点细如芝麻的黑籽，流光溢彩，煞是美丽。

果肉蕴含丰富水分，味儿好似柿子却更胜于柿子，正吃得满心欢喜时，那颗颗小小的黑籽却大煞风景地挤进了牙缝里；我忙着剔除，食趣大减。

惊艳、惊悸、惊喜、惊怒，小小一颗仙人掌果实，却让我品尝了一整个人生的滋味。

正因为世事难料，人生才充满了奇趣。

小·启示

　　一帆风顺、一径甜蜜的人生，是不多见的。百味麇集的人生，才是正常的；它陷阱处处，充满了挑战，也常常能带来难以预料的奇趣。

木质砧板，忠心耿耿，鞠躬尽瘁。

砧板

刚结婚时，用的是木质砧板，圆圆大大、厚厚重重，拎在手里，极有分量。

鸡呀鸭啊鱼呀肉啊，一筹莫展地躺在砧板上，任君宰割。刀起刀落，"嘭嘭"数声，鸡鸭身首异处；刀起刀落，肉块四分五裂。至于煮好的全鸡全鸭、烧肉叉烧，热气腾腾地往砧板上一搁，又是人间另一番好景象。斩斩、切切，在香气缭绕间，便酝酿了一种独独属于"家"的温馨。

砧板用毕，只要用菜刀猛力一刮，粘在砧板上那一层厚厚的油垢，便干净利落地被刮掉了，略略冲洗，砧板便又恢复"冰清玉洁"的本色了。

木质砧板，忠心耿耿，鞠躬尽瘁。

然而，时移世易，木质砧板竟渐渐成了"落伍怪物"。许多朋友见我死死捍卫，都笑我抱残守缺。一位朋友忍无可忍地说："沉甸甸的木质砧板邋里邋遢的，亏你还用得不亦乐乎！"

尽管对木质砧板恋恋不舍，可是，忍受不了亲朋好友夜以继日在双耳边的疲劳轰炸，我终于升了白旗，改用家家户户趋之若鹜的塑料砧板。

洁白亮丽的塑料砧板，的确轻、的确巧，然而，正因为它太轻巧了，斩鸡时，鸡跳，它也跳；切肉时，肉滑，它比肉更滑，欠缺了砧板该有的稳重。

想念木质砧板，然而，恪于社群压力，没有吃回头草。

最近，读及一则新闻，大喜过望。

"长年来，美国农业部一直建议，以塑料砧板取代木质砧板，原因是塑料砧板比较不易滋生细菌。但是，微生物学家近来实验发现：不易滋生细菌的，其实是木质砧板。他们拿三种最易造成食物中毒的细菌（沙门氏杆菌、李斯特菌、大肠杆菌）分别置于两种不同的砧板上，三分钟后，木质砧板上99.9%的细菌死亡，但塑料砧板上的细菌却没有一种死亡。"

啊，木质砧板"平反"啦！

义无反顾地丢掉轻浮的塑料砧板，把"大智若愚"的木质砧板重新迎入家门。

有时，旧物和老人一样，价值深藏不露。

小·启示

在这日新月异的社会里，世人惯于"迎新去旧"，殊不知许多时候是"新不如旧"的，我们必须以智慧加以明辨。

西瓜是水果中的"忍者",它的整个
成长过程,充满了艰苦的挣扎。

忍者

盛夏的燠热,在北非的空气里肆无忌惮地膨胀着。站在那仿佛袅袅冒着烟气的大地上,我惊喜交集。

就在那牵牵绊绊、匍匐爬行的枝蔓攀藤间,有许多个泛着绿光、浑圆硕大的西瓜,不知天高地厚地从干旱的土地里冒了出来。那一团一团绿影,乍看之下,就好似土地神顽皮的孙子们从地底下把圆圆的头颅探出来,好奇地偷窥外面五光十色的世界。

马穆得意扬扬地说:

"去年,我们田里最大的一个西瓜,足足重达二十二公斤呢。我爷爷送到集市去卖,摆在那儿,好像一个巨无霸。大家争着来看,交相赞誉。然而,看归看,赞归赞,那个西瓜,毕竟是太沉了,没人肯买。晚上扛回来,剖了,一家大小连吃好几天呢!"

西瓜园主是马穆的爷爷。马穆在突尼斯市就读大学，现在正是暑假。他老远从突尼斯市赶返杜兹，陪伴爷爷。我们驱车经过这儿，看到满地如翠玉般的绿影，忍不住要求司机停车让我们细细欣赏，正好碰上在园地里逡巡的马穆，便攀谈起来了。

马穆蹲在地上，抚着那些好似上了釉彩的西瓜，说：

"你知道吗，非洲是西瓜的原产地。它纯然是靠鸟类来传播种子的，非洲夏天干旱，鸟类喜欢啄食汁多味甜的果实，而含有大量清甜水分的西瓜，正是鸟类的最爱。它们吃了西瓜后，种子难以消化，往往会随着粪便排泄出来，西瓜因此得以依靠鸟类的活动而将种子传播出去。"

靠鸟类传播种子？初听觉得浪漫已极，细细一想，却发现西瓜是水果中的"忍者"，它的整个成长过程，充满了艰辛的挣扎。

在干旱的土地里酝酿成形，无惧于阳光的暴烈，无视于环境的贫瘠。它忠于职守、恪尽本分，一点一滴地吸收土壤的精华而转化为自身甜美的汁液。为了传宗接代，它还费尽心思，以万种风情吸引鸟类的青睐，在非洲那空旷的土地里默默地播种……

西瓜，又一次让我清楚地看到了"适者生存"的定律。

　　只要意志坚定，强化本身的条件，不管外在的竞争力多
强，都不必担心被淘汰。

明明是稀松平常的消遣，然而，不知怎的，当我把全身的注意力全都集中在钓竿上时，居然产生了一种类似"坐禅"的奇妙感。

垂钓

爱深海垂钓。

船，静静地停泊在海面。万顷碧波，浩瀚无垠；万里晴空，清亮澄净。

把琐事与烦恼暂时卸下的人，轻轻松松地坐在船上，把钓竿垂入海里，等。明明是稀松平常的消遣，然而，不知怎的，当我把全身的注意力全都集中在钓竿上时，居然产生了一种类似"坐禅"的奇妙感。在"无声胜有声"的此刻，天地万物，都好像是以"蒙太奇"手法拍成的电影镜头一样，朦朦胧胧；唯一清晰的，是直直地垂在海里的钓竿；人的意识，非常清醒，可是，对于周遭的事物，却又听而不闻、视而不见；千丝万缕的心思，全都缠在通向深海那根细细的尼龙线上。时间，好似停止转动了；静坐的人，变成了一具千年化石。

等着，等着，忽然，有一种很轻微、很轻微的颤动，自深海处传到钓竿，继而从钓竿传到指尖，再从指尖传进神经中枢。尽管那颤动是微乎其微的，可是，对于全神贯注而又屏气凝神的垂钓者而言，它却具有外人绝对感受不到的巨大的震撼力。很快的，颤动的力道加重、加剧了，垂钓者在心跳如鼓的狂喜里，不动声色地拉了拉钓竿，钓竿一动，原本那轻微的颤动，霎时变成了剧烈的抖动，垂钓者接收到这个无声的信号，快手快脚地把钓竿拉离海面，一看，哇哇哇，不得了，一条硕大肥美的鱼，正在鱼钩上死命挣扎呢，一颗心，立马变成了立体的惊叹号。

当然，不是时时都如此顺利的。有时，兴高采烈地把钓竿拉起来，才发现"上钩"的赫然是一只烂皮靴，垂钓的人，在惆怅中蠢蠢地笑。也有的时候，鱼线顽皮地缠绕于海底一些莫明奇妙的物体上，垂钓者既不能潜入海底去解开它，又不能发个狠劲扯断它，正是"剪不断，理还乱"呀，十分窝囊。拿出十足的耐心，慢慢扯、轻轻拉；东扯一点、西拉一点；上扯一些、下移一些；耗时费劲，最后在大汗淋漓中，终于如释重负地"脱身"了。

嘿，对付人生许多麻烦事，不也可以使用同样的方法吗？

垂钓，可以千思，也可以无思。

所以，爱它。

不论做什么事，有了专心和耐心，便已成功了一半。

用五彩玉蜀黍来做爆米花，才美得叫
人心醉神迷哪！捧在手里，就好像捧着一
袋缤纷的梦。

惊艳

从美国省亲回来的邻居约翰和妻子裘丽丝，给我捎来了六根
让我惊艳的玉蜀黍。剥开米黄色的外衣，每一颗珍珠般的玉米
粒，都有着不同的色泽，红黄褐紫青蓝黑，整条玉米棒，像是以
奇珍异宝镶嵌而成的。

原以为这些玉蜀黍是利用科技染色而搞出来的新噱头，没有
想到，约翰却微笑地指出，它们其实是野生玉蜀黍。换言之，它
们所呈现的，是玉蜀黍的本貌。最初上市时，大家都嫌它们色杂
貌丑，后来，科研人员经过长期研究，改变了它的基因，方才种
出了通体黄澄澄的玉蜀黍，大家一致叫好，于是便广泛栽种，全
面取代了原本那种五颜六色的玉蜀黍。

裘丽丝补充道：

"现在，美国中部的农庄，还有一些农夫种植这些未经改良的五彩玉蜀黍，收成之后，把它们晒干，充作装饰品。每年，当感恩节和万圣节来临时，便挂在屋檐下、摆在大厅里，整所屋子都会发出璀璨的亮光！"

谈及这些"原始玉蜀黍"的滋味儿，约翰忍不住跷起拇指来，说道："如果以家畜来作比喻，它的味道就相当于放养鸡，细细嫩嫩的，滑滑香香的；至于那种大量生产的改良式玉蜀黍呢，和机械化农场饲养的鸡只并无差别，味儿死板板的，欠缺了自然的清甜。"

裘丽丝双眼晶晶发亮地说道：

"用五彩玉蜀黍来做爆米花，才美得叫人心醉神迷哪！捧在手里，就好像捧着一袋缤纷的梦；不像目前泛滥于市场的爆米花，一粒粒白惨惨的，半点美感也没有！"

嘿，走了那么一段长路，蓦然回首，才发现新不如旧！

无独有偶，最近，一位在马来西亚从事农产品科技研究的朋友到访，携来了几束香蕉。

我一看，便忍不住惊叹出声：哟，真漂亮呀！

每一根香蕉，大小一致、长短一样，好像是用尺量过一般；蕉皮那娇艳的嫩黄色，自炫地闪着蜡塑般的亮光。

朋友洋洋得意地说：

"我花了整整八年，才成功地研发出这个品种的香蕉。尝尝，你快尝尝！"

尝了，觉得不够甜，而香蕉内蕴的那股诱人的香气也好像被禁锢了。

听了我坦白的反馈，朋友不以为忤，反而一脸得色地解释道：

"这是一个先敬罗衣后敬人的社会。这种外形美丽的香蕉，完完全全地符合现代人的审美观，它不但可自家食用，而且，还可当礼品哪！"

嘿嘿嘿，日后当这种外观美得无懈可击的香蕉成为消费者的新宠之后，原本那种斑点密布而长短不一的香蕉，也许便会慢慢地销声匿迹了。

然而，若干年后，回首前尘，人们可能又会发出"新不如旧"的慨叹了！

农产品改良的如果仅仅是外形而不是内涵，当人们看厌了千篇一律的美色之后，当然也就会兴起恋旧之情了！

小·启示

内涵重于外观，这是放诸四海皆准的道理。徒具外在美而欠缺内容的产品，是经不起时间的考验的。

金雀花，不甘被摧，奋勇抵抗，愈战愈勇、愈勇愈烈，满山满谷，都是花中勇士。

金雀花

春天，到新西兰去，金雀花（broom）灿灿烂烂地开得满天满地。簇簇蓬蓬艳丽已极的黄花，兴高采烈地聚拢于树梢，那种瑰丽呵，让人心旌动荡。

金雀花不爱"孤芳自赏"，它喜欢"群居生涯"。每每出现时，总是一株连一株、旖旖旎旎地沿着一望无尽的马路或是迤迤逦逦地挨着高低起伏的丘陵高山绵延而去。那种比太阳还要热烈的黄色，近乎野性地燃烧着，在空旷无人的山谷里，尽情任性而又快活无边地烧出了一种无声的热闹。

一路行去，一路惊艳。

啊，是这金雀花，让那幽深寂寞的山谷森林在寒冬过后重新宽心舒怀地活过来；也是这金雀花，使新西兰春意澎湃的景致成为旅人记忆里的永恒。

下榻于占地八百亩的大牧场，山前山后，又是一片连一片璀璨的黄色。那蓬勃跃动的生命力呵，像是一丛一丛永不熄灭的火，把春季点燃得很亮很亮。

次日一早，在牧场四处溜达时，居然惊愕而又惊悸地看到工人发着狠劲拼命地砍伐这人间绝色。

脸带倦容的牧场主人啧有烦言：

"这金雀花哪，完全没有经济价值，偏偏生命力十分旺盛，才砍不久，又轰轰烈烈地长得到处都是！"

啊，繁硕美丽的花朵，原本就是大地赐给我们的礼物，只因为它没有符合人类要求的经济利益，便狠心加以摧残！

金雀花，不甘被摧，奋勇抵抗，愈战愈勇、愈勇愈烈，满山满谷，都是花中勇士。

人类，只因身处优势，便恣意凌辱其他的生命。最为悲伤的是，许多时候，他们践踏侮辱、斩除杀戮的，不是植物，不是动物，而是自己的同类！

小·启示

所有的生命，都必须得到尊重。恣意凌辱，往往会激起巨大的反抗力量。

暂时去除表面的"瘾"是没有用的，必须把深植于内的"欲"连根拔起，才算是永永远远地爬上了岸。

蚂蚁

孩子吃剩下的巧克力，一时大意，忘了收好。

次日，踏入厨房，惊得头皮发麻。

蚂蚁，成千上万，密密麻麻，爬满四处。

出尽法宝，用水烫，用药喷，用布抹，用脚踏，终于，歼灭全体，片甲不留。

疲累不堪，入房小睡。一觉醒来，迈入厨房，一看，差点昏厥在地。

蚂蚁，无数无数，一堆一堆，麇集四方。

故技重施，水、药、布、脚，齐齐出动，终于，又歼灭殆尽。

以为"天网恢恢，疏而不漏"了，天知道短短几个小时后，孩子又呼天抢地地捎来了坏消息：蚂蚁又卷土重来啦！

这蚂蚁，斗志真是顽强啊！烦躁、生气、无奈，又如此这般地狂杀一轮。

次日早上，不可思议地旧戏重演。

我好似陷入了一个没完没了的噩梦里，烦得连原本不问世事的头发都齐刷刷地站了起来。

这时，适逢钟点帮佣到来，知道情况后，目不识丁的她，经验老到地说：

"你只顾杀屋内的，却没注意屋外的，当然无法根治啦！"

到屋外一看，果然，长长的一支蚂蚁队伍，正从草丛中源源不断地、斗志昂扬地、浩浩荡荡地爬入屋里。

帮佣利用喷雾式杀虫剂，从内而外，再由外而内，杀个精精光光，清理得干干净净。之后，可恶的"蚂蚁大军"不曾再来。

斩草又除根，春风吹不生。

戒毒，不也正一样吗？暂时去除表面的"瘾"是没有用的，必须把深植于内的"欲"连根拔起，才算是永永远远地爬上了岸。

小·启示

    杀蚂蚁和戒毒瘾，表面上看来是风马牛不相及的，实际上，它们却道出了一个共同的道理：凡事必须找出肇祸的源头，才能对症下药。

色呈金黄的微焦锅巴最是美味，将它从锅底一整片刮出来，拿在手里慢慢咀嚼。是童年拮据生活里的最佳零嘴。

锅巴

小小的炭炉底下，有熊熊火焰。炭炉上面，坐着一个色泽黯淡的瓦钵。瓦钵里，饱吸水分的米粒胖嘟嘟的，嘶嘶嘶地发出了愤怒的喊声。

母亲在熨衣。古老的熨斗沉重如铅球，每烫一下，衣服便冒出一股白白的烟气，将母亲的额头熏出了成排晶莹的汗珠。幺弟在婴儿床上声嘶力竭地哭，母亲心烦意乱地搁下了熨斗，赶去为幺弟更换尿布。尿布还没有换好，厨房便飘来了一股焦味。母亲还来不及叹气，便化身为出弦的箭，飞向厨房。

太迟了，饭已焦。

眉头深锁的母亲，把炭火浇熄时，顺便将盛满清水的一个瓷碗搁在米饭上，借着这个古老的法子把焦味去除。

这时，踮起脚跟在一旁看得津津有味的我，早已眉开眼笑。

爱煞锅巴。

色呈金黄的微焦锅巴最是美味，将它从锅底一整片刮出来，拿在手里慢慢咀嚼。是童年拮据生活里的最佳零嘴。

母亲把瓦钵里的锅巴仔细地刮得干干净净，让孩子们吃得精光。虽无明言，但是，家中的小孩，却从中得着了无言的教诲："一粥一饭，当思来之不易；半丝半缕，恒念物力维艰。"

近年以来，急速发展的社会经济使电器入侵千家万户，炭炉早已成为陈年古董。电饭锅、微波炉，都能"自动自发"地煮出又松又软的白米饭。锅巴在厨房里销声匿迹，标志了一个新时代的诞生——主妇不必三头六臂，也能从从容容地把家务处理得妥妥帖帖。

饶具讽刺意味的是，在这个没有锅巴的年代里，一家子在天黑之前赶回家去，围在桌边一起用膳的"天伦图"，反而愈来愈少见了！

丰盛的大鱼大肉未必能诠释幸福的定义，然而，小小的一片锅巴，却让作者一家享尽了天伦之乐。世界上最远的距离是同住在一个屋檐之下，却未能共享一家子围桌用膳的快乐。

人生，唯有不断地创造、放下，放下、再创造，才能攀登一个又一个的高峰，也才能顺心惬意地活出自己的精彩。

刹那的永恒

冰雕具有旷世之美。

冰块冷而硬，有宁死不屈的傲骨，是冰雕师傅那种"化腐朽为神奇"的意愿和"铁棒磨成针"的诚意感动了它，于是，它宽仁而又包容地任师傅为所欲为。

冰雕师傅放入了心思和构思、投入了爱心与耐心，一下一下地凿，一点一点地雕。冰块溜滑、易碎，然而，师傅化身为"移山的愚公"，不屈不挠，终于，冰块模糊的面目逐渐清晰，隐蔽的个性逐渐彰显。最后，它变魔术似的化成一个个眉目分明的人、一座座独树一帜的建筑、一只只栩栩如生的动物；此外，许许多多大家耳熟能详的人，也神气活现地从历史、从神话、从寓言里施施然地走了出来。

在中国、在瑞士、在日本，每回看冰雕，总啧啧赞叹：啊，那么传神，那么生动；那么细致，那么精美。大件的冰雕，雄浑巍峨，气势磅礴；小件的冰雕，玲珑剔透，美不胜收。

冰块的冷，销声匿迹，取而代之的，是艳，是一种让人心旌摇荡的艳；冰块的硬，浑然消失，取代它的，是柔，是一种任君使唤的柔。师傅点石成金，使原本"麻木不仁"的冰块有了表情，有了感情；有了生气，有了生命。

然而，每回看冰雕，我总在击节叹赏之余，心生惆怅。

美得惊世骇俗，却转瞬成空。既然生命短若朝露，值得为它如此耗时费力吗？

"当然值得！"一名冰雕师傅毫不犹豫地应道，"将冷硬如石的冰块雕出活泼的生命，本身就是一种难得的挑战呀！"

问题是，一切的努力在短短一季过后便付诸东流，痕迹不留；这样的艺术，未免太"虚"也太"空"了吧？

对此，冰雕师傅淡淡地应道："曾经存在，就是永恒。"

我是"种瓜得瓜，种豆得豆"的信徒，这样的说辞，对我的说服力不强。

最近，一位深谙哲学的朋友谈起冰雕，却有着截然不同的看法，他认为冰雕师傅其实是在实践一种"放"的哲学。

"放"，是人生一种美丽的境界，唯有懂得在适当的时机放下曾有的风光和辉煌，懂得在应该放手时完全地放开，才能活出一种意境高远的淡泊。

淡泊，不是退隐淡出的消极，而是洞悉世情的豁然；而放下，既不是忘记，更不是放弃。人生，唯有不断地创造、放下、放下、再创造，才能攀登一个又一个的高峰，也才能顺心惬意地活出自己的精彩。

一名冰雕师傅双目晶晶发亮地对我说道：

"每次当冰雕在灯光下折射出绚丽的色泽、散发出斑斓的光彩，我都会为那难以言喻的美而震撼不已！"

正是这种对美终生不懈的追求，使他从事冰雕长达二十余年而依然满腔热忱。对他而言，每回大雪纷飞的季节，便是他迎接挑战的时节了！

小启示

放下，是人生一种高远的境界，也是一种高超的哲学。深谙"放下"之道者，才能在全无羁绊的心态下，不断地提升自己。

这列火车是民间艺人一刀一刀慢慢地雕出来的，每一块小木头，都糅合着艺匠对传统手雕艺术那一份执着的痴爱。

玩具火车

那天中午，站在南斯拉夫陌生的街头，我和日胜，为了一列木质玩具火车，起了一场小小的争执。

那是一条瘦短而幽静的街，街上有个艺匠，把他一刀一刀全神贯注地雕出来的心血结晶满满地放在架子上。

有形态各异的木头人，还有形形色色的交通工具。

一眼便看中了那列火车。

长长的一列，有五个车厢，涂上不同的颜色，以细致的小木环衔接在一起。

方方正正的车厢，初看笨拙，再看古朴，三看时，它奥妙尽出——车厢里面，坐着几个木雕的小人儿，脸上还挂着清晰可见的离愁哪！

决定为我七岁的儿子买下这列火车。

日胜坚决反对，他振振有词地说：

"这是我们旅游的第一站，买下这样笨重的东西，天天提在手上，想想都觉得累赘！"

看到我一脸不为所动的固执，又说：

"孩子喜新厌旧，你巴巴地把玩具买了给他，他玩不上两天，还不是弃如敝屣！"

此刻，儿子闪现在我脑中的笑脸，灿烂而鲜明；我坚持要买，有绝不退让的顽固。

日胜听着我的喋喋不休，露出了弃甲而逃的表情。

然而，不听智者言，吃亏在眼前。

买下了那列火车以后，我果然便陷入了一连串难以摆脱的烦恼里。

它体积庞大，根本无法放进皮箱托运；它手艺精细，一路上必须小心翼翼地呵护着。于是，在乘搭飞机、火车、长途公共汽车时，它就变成了尾大不掉的一重"负担"。

不讳言，当我提着这重"负担"踏着碎步追赶火车时，心中不是没有悔意的，但是，后悔的念头才一闪现，儿子快活的笑脸立刻便浮现出来，于是，我不断地为自己打气："嗯，值得，值得的！"

终于，风尘仆仆地回返家门。

献宝似的把那列千辛万苦带回来的木质火车送给儿子。

他打开纸袋，取出火车，翻来覆去地看，好像在寻找些什么。我忍不住问他，他天真烂漫地问道：

"妈妈，电池放在哪里？"

电池！这个小男孩，居然把这一列手艺精美的木质火车看成是廉价的电动火车！

我耐着性子向他解释，这列火车是民间艺人一刀一刀慢慢地雕出来的，每一块小木头，都糅合着艺匠对传统手雕艺术那一份执着的痴爱。

儿子似懂非懂地听着，一双手，无意识地在地上来来去去地推着那一列火车。

第二天早上，一床都是暖暖的阳光，可是，儿子还赖在被窝里。

我去唤他起身，然而，一迈入他房里，我便愣住了。

火车那几节车厢，东歪西倒，凌乱地散置于床边的地板上，衔接五个车厢那一个个纤细的小木环，全被他粗鲁地扯断了。车厢里的木头人，双眉紧蹙，无限愁苦……

小·启示

　　代沟，导致上一代和下一代有着迥然而异的价值观。要增加彼此的了解，我们必须时时易位思考。

骆驼从主人一再退让的宽阔胸襟里，长
出了一粒大得能把整个天幕也包住的胆子。

骆驼与帐篷

这则寓言，是多年以前读的。

一名商人带着一匹骆驼横越沙漠做买卖，到了晚上，商人在
大漠里搭起了帐篷过夜。

荒漠凄凄，阴风阵阵，骆驼在帐篷外面冷得瑟瑟发抖，把头
探入温暖的帐篷内，苦苦哀求：

"主人啊主人，可以让我把鼻子伸进帐篷里取暖吗？"主人
毫不犹豫地答应了。尝到了甜头的骆驼，过了一会儿，又提出新
的要求："主人啊主人，可以让我的颈项也伸进来吗？"主人颔
首。然而，仅仅过了一盏茶工夫，骆驼便又再说道："主人啊主
人，我的前脚，是不是也可以挪进来呢？"主人再一次体恤地让
步。然而，骆驼却得寸进尺地说："主人啊主人，我的腹部好冷

啊！"这时，主人已经退到帐篷的一边去了，为了满足步步进逼的骆驼，他再度缩到帐篷的一个角落里。骆驼从主人一再退让的宽阔胸襟里，长出了一粒大得能把整个天幕也包住的胆子。它肆无忌惮地将"蚕吞"的心态明明白白地表现出来。最后的结果，不说也知，主人被逼到了帐篷外面，而骆驼鸠占鹊巢地成了帐篷的主人。

这则寓言给我最大的启示是：害人之心不可有，防人之心不可无。

如果把这则寓言搬到舞台上，很明显的，骆驼是遭人唾弃的歹角而商人则是令人同情的受害者。

然而，最近，在一项以青年为对象的研讨会里，我赫然听到主讲者鼓励年轻人向骆驼看齐，原因是骆驼采取了逐步进逼的方式来达致它最终的目的，不动声色地鲸吞他人财物，手段高明。主讲者的结论是：年轻人应该像骆驼一样，每次立下一个小目标，全力进攻，最终必有所成。

听罢，错愕。

不错，在这一码事上，骆驼是最终的胜利者，然而，不择手段地攫夺他人成果的骆驼，难道也能成为被模仿的典范吗？

到底是我自己的观念过于保守落伍呢，还是传统的道德观已被时代的新思维颠覆了？

我很迷惘。

小·启示

　　胜利的甜美果实是人人都想要摘取的，然而，在摘取的过程里，我们是必须坚守道德的底线的。

尽管生命已经殒灭了,可眸子依然清清亮亮的,仿佛上了釉彩,仔细再看,却又像薄薄地镀着一层泪光……

鹿头

旅行时,原本是坚守"不买东西"的大原则的,遗憾的是,我是一个看见独特东西便无法自我克制的俗女子,有时难免会给自己带来一些不必要的麻烦。

在新西兰,看皮裘、宝石,我都好似一名道行极高的老僧,纹风不动。然而,一日,迈进了一家土著开设的商店,才一举头,便欢喜地惊呼一声,定力彻底瓦解。

我看见了鹿头。

墙上,一溜挂着七八个鹿头,是栩栩如生、活灵活现的标本,参差不齐的鹿角,张扬地展现了嶙峋的美感。

其中一个鹿头,脸上有着丰富的表情,圆圆的眸子深沉地凝视着远方，仿佛在缅怀昔日驰骋于广袤原野的自由生涯。奇怪的是，尽管生命已经殒灭了，可眸子依然清清亮亮的，仿佛上了釉彩，仔细再看，却又像薄薄地镀着一层泪光；更奇的是，从不同的角度看它，它眼珠子的色泽还会生动地起着变化。啊，它是尝试在告诉我它前世的故事吗？

对它一见钟情，执意要买。然而，它既重又大，该怎么把它带走呢？再说，我们还有十多天旅程有待完成呢！

店东知道我们租车自驾，一迭声地说道："没问题，没问题！"他手脚麻利地取来了一个大木箱，三尺来高，两尺来阔，以木条钉成，四面通风，坚实牢固。那只鹿头，就这样稳稳当当地坐了进去。

接下来，是一连串我不忍回顾的"苦头"。

把木箱放进车后的行李厢，车盖合不拢，只好把车盖硬生生地拉下来，用粗大的绳索绑住。

途中，暴雨骤来，生怕鹿头被雨水打湿，赶快停车，飞快地取出雨衣，严严密密地让鹿头披上。

日胜看了我的紧张劲儿，调侃地笑道：

"要不要让它服伤风感冒药呀？"

每次到了一个新的地方，进出旅馆时，又得找人帮忙，抬上、抬下，抬进、抬出，好像在伺候一个年迈的老大爷，麻烦又累赘、吃力又疲累。

旅程结束后，历尽艰辛地携它回返了家门。

小心翼翼地把它挂到墙上去。

这时，看它的眼睛，奇怪，又不悲伤了。

也许，它知道，它已不再是待价而沽的商品了。

它已经找到了永久的家。

小·启示

　　作者借鹿头的眼神由悲伤转化为快乐，道出了"居有定所"的重要性。无家无国的人，唱的是永世的悲歌。

踏出店外，重新再读那则广告，发现它其实并没有骗人，我获赠的这把小木勺，的确是一个让我"终生难忘"的纪念品呀！

小便宜

以下这则广告，出现在哥本哈根的旅游杂志上：

"剪下这张礼券，你将可以在丽莎礼品店免费得到一份令你终生难忘的纪念品。"

哇！赶快把地址看个一清二楚，风风火火地乘搭公共汽车到那儿去。

店员把赠品取出，我一看便愣住了——那是一把舀饭用的小木勺，木质既薄又脆，恐怕轻轻一拗，便会断成两截。这样的赠品，连鸡肋都算不上；然而，勉强地收下后，居然还有"后患"哪！

店员喋喋不休地对我紧缠不舍，我脱身无计，只好忍痛花钱买下了那个我根本不想要的水晶摆设品，真是"偷鸡不着蚀把米"啊！

踏出店外，重新再读那则广告，发现它其实并没有骗人，我获赠的这把小木勺，的确是一个让我"终生难忘"的纪念品呀！

到泰国去，在曼谷的报章上看到了这则广告：

"本店优待顾客——你只要付出四千泰铢，手艺精湛的裁缝便可以在短短的一天内，为你量身裁制一件外套、两件衬衫、一条窄裙、一条圆裙，还有，长裤短裤各一条。缝工与布料的费用，全包在内。"

四千泰铢折合新币，只不过是区区一百六十元而已。以这样的价格，居然可以做那么一大堆衣服，这种"便宜"，往哪儿去捡？

满怀高兴，按图索骥。

到了店里，一出示那则广告，笑容可掬的店东立刻热诚万分地招呼着说：

"啊，来来来，请到这边来选布料。"

他把我领到一个阴阴暗暗的角落去，我一看，气便不打一处来了。

那儿，冷冷清清地立着几匹布料，好像是20世纪留存下来的，花式过时且不说，由于长期备受冷落，布料全都蒙上了薄薄的一层灰尘，好似发霉的法式长棍面包。

店东语调殷勤地说：

"夫人，如果你不喜欢，可以选择其他的布料，价格另计。"

说着，把我领到店中央一个亮堂堂的地方，我不动声色地从齐全崭新的货色当中挑选，选选选，选好了，请他开价。

他埋头以计算机仔细地算，之后，开出的价格比广告列明的足足贵了六倍多！

我把剪报在他面前摊开来，慢条斯理地说道：

"你这广告，应该重写。"

他满脸疑问地看着我。

我不疾不缓地说道：

"你看，'本店优待顾客'这一句话，应该改写为'本店清除陈年霉货，对霉货没有兴趣者，可用高价另选新货'。"

说毕，在他发霉的脸色里，我施施然地推门离去。

小·启示

　　许多商家，觑准了顾客贪小便宜的心态，化身为钓鱼的姜太公，愿者上钩。做买卖，犹如周瑜打黄盖——一个愿打，一个愿挨，就算吃了亏，也是咎由自取。

一样的人生，异样的心态，看到的景
色，也截然不同。

雾里看山

一来到尼泊尔东北部的小城纳嘉科，整颗心便静了下来。小城位于海拔两千余米的高山上，许多人远道而来，便是为了在旭阳初升或夕阳西下时，坐在层层叠叠的山峦当中，遥望喜马拉雅山变幻无穷的景色。

那天，凌晨四点，我们便"起早摸黑"地赶往当地一个最佳的"观景点"。据说在这儿观赏日出，视觉将会得到震撼性的大享受。

整个大地，暗暗沉沉的，曙光未露，云海缥缈。我们屏气凝神地坐着，不敢开口，怕会过早地惊扰群山的美梦。

耐心地等，等宁静的远山和妩媚的近山在逐渐亮起的晨光里向我们展露初春的微笑；耐心地等，等那像钻石一般炫目的太阳在一座又一座黛青的山峦后探出灿烂的笑脸。然而，引颈企盼的我们，在内心千呼万唤，欲曙的天色依然沉滞而又模糊，该升的旭阳依旧酣眠不起。

这时，导游甲带来了几名游客，大家一站定，导游便双眉紧蹙地说道：

"唉，今天你们的运气真不好，雾太大了，别说日出，就连山景，也全被雾气挡住了，什么都看不到。春夏两季，像这样的情形，是较为少有的。"

那几个因睡眠不足而显得无精打采的游客，一听这话，更显得萎靡不堪了。眼前的景色，白茫茫的，像一幅被水浸坏了的画，的确没有什么看头。有人提议回去睡觉，立刻有人附议，于是，这几个不远千里而来的游客，在山头逗留不到十分钟，便打道回府了。

过了不久，导游乙也带来了几名游客。他一看眼前景致，立刻便以饱含喜悦的语调说道：

"嗳，我说呢，你们运气真好！春夏两季，像这种浓雾罩山的景色，是很罕见的。瞧，那雾，白得发亮，完全没有任何污染。在雾海里浮沉的山，若有若无，别有意境。你们今天虽然看不到日出美景，可是，待会儿雾气散了以后，所有的山，就像被洗涤过一般，那种洁亮的瑰丽，绝对是难得一见的。"

那几名深信自己"运气真好"的游客，脸泛笑意，兴致昂扬地观赏眼前那清逸恬淡一如水墨画的山景。

一样的人生，异样的心态，看到的景色，也截然不同。

小·启示

走在海边，有人说："听，海在欢歌！"也有人说："唉，海在悲泣！"要如何诠释海浪发出的声音，完全取决于各人的心态；而这心态，就展现了截然不同的人生观与人生境界。

吃了亏、倒了霉，骂也无用、怨也无益、说也无救。倒不如想个法子把自己从精神痛苦的桎梏里解放出来，不要再雪上加霜地自我折磨了！

解忧妙方

为了减少交通意外，新加坡政府在许多交通繁忙的街道装置了摄像机，把闯红灯的鲁莽司机拍摄下来，以此作为惩罚的证据。

曾有两次，我搭乘朋友的顺风车时，碰上被"拍摄"的不愉快经历，而从这两位朋友迥然而异的反应里，我也窥见了截然不同的两种人生态度。

甲暴跳如雷，先而大声咒骂，继而自怨自艾，再而牢骚成箩；一路上的话题都在罚款这一码事上绕来绕去，像足了老太婆的缠脚布，又长又臭，没完没了，弄得我三番几次想夺门而逃。

乙呢，当摄像机"咔嚓"地闪出亮光时，他先而愣了愣，继而笑嘻嘻地说道：

"哎呀，刚才事出猝然，我竟然忘记对准镜头微笑哪！唉，又不能重拍，实在太遗憾了！"

这个朋友，坦然承担罚款的后果，还幽默地自我解嘲，一车子的人都捧腹大笑。

再说说另外一个小故事。

丙和丁在购物时，被不法商人敲了竹杠。丙付出九百多元买了原本只值七百元的平板电脑；丁呢，在买相机时，多付了百余元。

两人知道真相后，反应有云泥之别。

丙化身为现代"阿Q"，耸耸肩，说：

"那个七百元的，也许是赝品呢！我多付了些钱，买到的，却是如假包换的真货，值得呀！"

尽管这话全无说服力，可是，被人欺骗了的痛楚，却在这种自欺的心理状况下，得到了极大的舒缓；而这，也算是自我疗伤的一种方式吧？

丁呢，咽不下这口气，跳着脚，骂骂咧咧，嘟嘟囔囔地埋怨、反反复复地投诉，弄得旁人全都厌烦不堪。

实际上，明亏暗亏，谁都不想吃，可是，该你吃时，逃也逃不掉；大霉头小霉头，谁都不想触，然而，该你触时，避也避不了。

吃了亏、倒了霉，骂也无用、怨也无益、说也无救。倒不如想个法子把自己从精神痛苦的桎梏里解放出来，不要再雪上加霜地自我折磨了！再说，"吃一堑长一智"，从长远来看，吃亏，不也是一种"收获"吗？

小·启示

受骗，当然不舒服；然而，受骗之后，却坐困愁城，对于自己来说，是二度伤害。

当年迈的亲人去世后，他们不以悲泣来哀悼，反之，他们开怀痛饮，击节欢歌，好似在办一场花团锦簇的喜事。

微笑的葬礼

常去的那家水果店，最近雇了一名印度客工。

那天，有人办丧事，震耳欲聋的丧乐伴随着长长的送殡队伍，由远而近，由近而更近。

当时，店里没有顾客，无所事事的印度客工闻乐起舞，长长的手、长长的脚，如蛇般扭动，柔若无骨；圆圆的头颅，左左右右，摇得好似拨浪鼓，舞得尽情而又快活。很显然，初来乍到的他，根本不知道这是悲哀的葬曲挽乐，仅仅根据一己的感觉而以舞蹈对音符做出快乐的诠释。

这种滑稽的误解，使生的欢愉和死的悲恸，在电光石火间，奇妙地交叠，诡谲地交缠。

其实，印度客工对死亡错误的诠释，正为我们提供了另外一个崭新的角度来看待死亡。

在罗马尼亚北部的萨本塔村，村人把自然的死亡看成是新生命的开始，所以，当年迈的亲人去世后，他们不以悲泣来哀悼，反之，他们开怀痛饮，击节欢歌，好似在办一场花团锦簇的喜事。在墓志碑上，他们还模仿死者的口吻，以第一人称刻上幽默诙谐的话语。不论是张三或李四，在进入墓园而读及这些话语时，全都会笑得前俯后仰。一串串滚圆的笑声，使原本阴气重重的墓园，不可思议地窜满了欢乐的气氛。

过去，庄子在妻子死后鼓盆而歌，绝对不是绝情或是癫狂的表现，大智大慧的他，比任何人更深更广地看到深藏于黑色死亡里另一层深邃的意义。

人生自古谁无死？

死亡这条道路既然人人都得走，所有的"诀别"，仅仅都是"暂别"而已。与其以哀恸的眼泪在精神世界里建造黑暗的冢来埋葬自己，倒不如冷静地面对、理智地接受，寄望于来世的相聚。

死亡是人生必经之路，所以，我们应该以更理智、更成熟、更豁达的态度来接受亲人的死亡。过多的哀伤，是一种自我戕害。

任何事情，发生以后，当事者如果一味愚昧地往牛角尖钻，最后一定会活活憋死在那个暗暗的、窄窄的、尖尖的、全无退路的牛角里。

转个弯儿

有一回，约了两位暌违多时的朋友外出用餐。

我驾车，三个人在车里谈笑风生，好不快活。来到一个只能左弯的路口，我因聊天分心而向前直驶，说时迟那时快，一辆弯向左边的大卡车像一团可怖的黑影，猛地朝我车子撞来！在这千钧一发之际，我将驾驶盘大力转向一边，只听得"哐啷"一声巨响，车子旁边的后视镜被卡车狠狠撞落了，车身也因摩擦而出现了大片惊心动魄的刮痕。

这时，车子内，"青光"泛滥，朋友们那两张白皙的脸，都因惊吓过度而变成了惨绿色。在鸦雀无声的惊恐和狼狈里，我向左边看看，再向后边看看，看到她们的五官和四肢都还在原位，而且，完好无损，我那颗提到嗓子眼儿的心，才勉强回归了原位。

车子必须立刻送进修车厂，原定的餐馆当然也就去不成了。

朋友余悸犹在，静默不语；我呢，灰头土脸，自怨自艾：

"如果刚才不抄捷径而走大路，不就可以避开这桩倒霉的事吗？还有，如果当初定在别的地方聚餐，不就可以避掉这场意外吗？"

自责、懊悔、怨怒；一颗心，好似一团揉皱了的纸，千回百转都是痛。久别重逢的喜悦烟消云散，大家都显得意兴阑珊。

然而，车子平顺地驶过了一个又一个交通灯后，我冷静下来，尝试换个角度来看问题，居然产生了截然不同的感受——瞧，现在，朋友既不曾受伤，车子又没有大坏，不是幸运绝顶吗？情况，可能比这坏上千倍万倍哪！

这样一想，原本凝集于心上的那片乌云，顿时便被一股轻快的风卷走了。

把车子送进修车厂后，我和朋友，欢欢喜喜地坐计程车去吃泰国餐了。

任何事情，发生以后，当事者如果一味愚昧地往牛角尖钻，最后一定会活活憋死在那个暗暗的、窄窄的、尖尖的、全无退路的牛角里。然而，只要轻轻地转个弯儿，灿烂阳光、康庄大道，都在那儿，等着。

　　"转个弯儿"，是一种睿智的人生哲学。凡事发生了，我们只要换个角度、转个弯儿去思考，必定能拨开笼罩在眼前的愁云惨雾。

> 很多时候，很多东西，我们根本不
> 必靠"肉眼"来看，我们有的是"心眼"。
> "肉眼"看到的东西，是有限的；"心眼"
> 看到的，却是无穷无尽的。

风的颜色

这一则寓意深刻的故事，是林丽丽告诉我的。

林丽丽是天生失明者，她的好友阿秋，在不惑之年，因脑部手术而导致失明，终日以泪洗面。

每回林丽丽尝试开解她，她便生气地说："过去，我什么都看得到，可现在我整个世界都陷入了伸手不见五指的黑暗里，你叫我怎么去适应！"

林丽丽现身说法：

"我的情况不也和你一样吗？然而，我一直都活得充实而又快乐呀！"

阿秋生气地反驳：

"你怎能和我相提并论！你一出世便什么都看不到，根本无法分辨出彩色世界和黑暗世界之间的不同！可我过去什么都看过，相形之下，目前的情况，和置身地狱并无两样！"

这时，林丽丽好整以暇地问道：

"你说你过去什么都看得见，那么，请你告诉我：风是什么颜色的？"

阿秋一听，霎时便愣住了。是的是的，她既然什么都看得见，为什么竟然无法说出风是什么颜色的呢？

就在她哑口无言之际，林丽丽乘胜追击：

"你说不出风是什么颜色的，我可说得出。当它吹过大海的时候，它便拥有了海水磅礴的颜色；当它掠过草原的时候，它便被熏染成春草温柔的颜色；当它在山里回旋时，它便驮着高山深沉的色泽；而当它在沙漠上方盘旋时，它又沾上了沙丘那种苍茫浪漫的色调。瞧，当你是明眼人的时候，你看不见风的颜色，我呢，天生失明，可我却能清清楚楚地感受到风儿绚烂的魅力。很多时候，很多东西，我们根本不必靠'肉眼'来看，我们有的是'心眼'。'肉眼'看到的东西，是有限的；'心眼'看到的，却是无穷无尽的。"

这一番话，犹如当头棒喝，将阿秋从炼狱般的痛苦里拯救出来了。

自此之后，阿秋生出了一颗"明察秋毫"的心眼，充分领略生活的美，活得积极、扎实、恬然、自在。

在人生的道路上，当不幸骤然降临，许多人之所以一蹶不振，是因为他们无法坦然面对自己的残缺，以忧伤为冢，活埋自己；更为关键的是，当他们在黑暗的隧道里兀自挣扎时，误以为太阳已经永远地坠落了。这时，倘若有人能充当智慧的明灯，适时地以振聋发聩的语言把他们引出牛角尖，他们也许便能站在一个截然不同的角度来看待自己的不幸，自此扭转乾坤，另赋新生。

人生一世，草生一秋，数十寒暑，转瞬即过。

笑也一世，哭也一世，天助自助者。

小·启示

心眼，明察秋毫，能见人所未见；它也善于飞翔，能带我们飞到很远的地方。遗憾的是，许多人都让这双神奇的心眼一无是用地紧闭着。

他只专注于表演，而表演是他唯一的专注；他千锤百炼的功夫，终于为他造就了无懈可击的完美。

走钢索

小的时候，看艺人走钢索，往往惊出一身冷汗。

细细的钢索冷冷地吊在半空中，好似一道凝固成形的电光。艺人便在这一条看似"虚无缥缈"的钢索上，使出自己的看家本领。每当他们在鸦雀无声的肃穆里，一步一顿地走完全程时，总会博得如雷掌声；然而，技高胆大的艺人，却把这看作平平无奇的雕虫小技。为求更上一层楼，他们闭门练功，之后，在钢索上面，层出不穷变出各种花样——单轮骑车过钢索、双人叠立于钢索，更精彩的是，在钢索上舞刀弄剑、跳跃奔跑，弄得整条钢索摇摇晃晃的；全场观众凝神屏气，精神紧绷，生怕小小一个闪失，便会导致人命伤亡；可是，上面那个与钢索有着肌肤之亲的艺人，却得意扬扬地将那条危机四伏的钢索玩弄于股掌之间。

后来，有机会与精于此道者交谈，他淡然笑道：

"这项表演，看似惊险，实际上，艺人只要练就平衡之道，便可以从中玩出无穷花样了。"

平衡之道，看似简单，实则复杂。脑要专、心要定、目要正、耳要闭、手要稳、足要沉、腰要直，左右两边力道要完全均衡。学成之后，一上钢索，便得化身为修道千年之高僧，泰山崩于前而色不变，把繁华浮世种种缤纷绚烂看成转瞬即逝的过眼云烟，众人的掌声未能让他喜上眉梢，众人的嘘声也未能让他眉头稍蹙。他只专注于表演，而表演是他唯一的专注；他千锤百炼的功夫，终于为他造就了无懈可击的完美。

成长之后，看艺人走钢索，依然惊出一身冷汗。

它与人生，惊人地相似。

有勇无谋者、艺高无胆者、身无绝技者，还有，敷衍塞责者、不求上进者、好高骛远者，等等等等，走起钢索，战战兢兢，如履薄冰；偶一不慎，粉身碎骨。

在人生的钢索上行走，唯有倾尽全力，稳扎稳打，才能把自己的一生圆满地诠释出来。

　　走人生的钢索，我们必须先把技艺练好，之后，事事专注，步步为营。

> 许多时候，沙砾里明明没有金子，但是，我还是想方设法挑出一些在阳光底下闪着微弱亮光的小沙砾，给予正面的肯定。

沙砾与金子

我不是卖瓜的老王，然而，我烘焙的橘子蛋糕，的确是一等一的好。蛋糕质地如水般柔、如风般轻、如绸般滑；入口之后，香气如虹，味蕾立马变得斑斑斓斓的。

这样的水准，不是一蹴而就的。我经历了无数次滑铁卢之役，锲而不舍地从错误中汲取经验，煞费心思地从实验里求取完美，屡败屡战、不屈不挠，最后，终于大功告成。

在整个学习与实验的过程里，我的家人，全都是我忠实的支持者。

有一回，烘焙的蛋糕不熟，婆母吃了以后，大泻特泻。当她拉着裤头脚步踉跄地从厕所里出来时，居然还说："蛋糕的味道真好！"顿了顿，又补充道，"不过呢，如果能够再烘久一点，就更好了。"

又有一回，面粉下得太多了，蛋糕硬邦邦的，日胜边吃边说：

"哇，挺耐饱的。"

最搞笑的是，有一次因为鸡蛋放得太多而烘出了一个"湿淋淋"的蛋糕，父亲竟然笑眯眯地说：

"这蛋糕，很润喉呀！"

我烘出了一个又一个"蹩脚的蛋糕"，焦黑的、坍塌的、过干的、过软的、过甜的，林林总总，只能以一个"糟"字来概括，可是，我亲爱的家人却都不约而同地以极大的耐心和爱心来忍受这些失败的成品，始终不曾用任何负面的语言来浇熄我学习的热忱。

学习如战斗，辛苦不堪，坦白说，缺乏了家人的支持，也许我便会半途而废了。

俯首甘为孺子牛之后，在批阅莘莘学子的作文时，我就把这些作文当作是我学习阶段的"蛋糕"。它们的缺点成箩盈筐——错字百出、组织不当、内容贫乏、主题不显、文采欠缺，等等。倘若我老老实实地把这些缺点一一罗列出来，我敢肯定，它们绝对无异于又冷又硬的冰雹，足以把学生的学习热诚彻底击毙冻死。所以嘛，我总是殚心竭虑地去发掘作文里的优点，加以赞美。许多时候，沙砾里明明没有金子，但是，我还是想方设法挑出一些在阳光底下闪着微弱亮光的小沙砾，给予正面的肯定。

我乐观地相信，也虔诚地希望，学生在这种耐心与爱心的关怀和鼓励下，有一天，真的能够从粗糙的沙砾变成亮澄澄的金子！

小启示

　　教师具有"点石成金"的魔术棒，这根魔术棒，是以"爱心"和"耐心"为原料铸造而成的。

掌心里握着的一切，都长着一双无形
的翅膀；不珍惜它，不爱护它，它便会飞得
无影无踪，永不回头，永不。

一树的盛衰

庭院里，有一棵酸柑树，那是婆母到新加坡小住时为我栽种的。

她悉心照顾，除草、浇水，还将洗虾洗鱼洗米的水、隔夜的茶渣等等当作肥料，殷勤地喂它。

酸柑树不是无情物。

枝干日益粗壮，叶子日渐茂密。有一天，丛丛绿叶当中忽然冒出了许许多多浑圆的酸柑，在温柔的阳光里，泛着油亮的绿光。

这些上好的酸柑，皮薄汁多，烹饪用它，饮料用它，洗手漱口用它，为炊具除污去臭也用它。

　　我以它当"亲善大使"，分送亲朋好友，人人喜欢，道谢不迭。

　　酸柑树年复一年结出累累的果实，我坐享其成，把子结满枝的现象看成是理所当然的。

　　没定时浇水，施肥更是天方夜谭。一忙起来，便让它自求多福。

　　酸柑树结出来的白花渐稀、渐小；慢慢地，叶子底下长出了一层薄霜似的东西；接着，可怖的黑点在叶面迅速扩散。原本嫩绿油亮的叶子，被病毒侵蚀得面目全非。

　　这时，我慌了，先而喷药杀虫，继而修枝、剪叶、浇水、施肥。

　　都不行。

　　太迟了。

　　酸柑树以它自个儿的方式，表达了它忠于职守却备受冷遇的不甘、悲伤、愤怒、绝望。

　　掌心里握着的一切，都长着一双无形的翅膀；不珍惜它，不爱护它，它便会飞得无影无踪，永不回头，永不。

小·启示

　　亲情、爱情、友情，都像娇嫩的植物，需要时时照料、呵护，才能茁壮成长。

长了赘肉的文字，不但有碍观瞻，而且，影响实效。

文字的赘肉

让文字恣意长出一圈一圈多余的"赘肉"，是初习写作者最大的通病。

原本一句话就可以把意思表达清楚的，却奢侈地用了三五句；原本一段文字就足以将主题明确交代的，却挥霍地用上了两三段：一眼看去，一层又一层，全是文字的赘肉，只瞄一眼，便觉厌腻。

以前，读过一则小故事，印象深如铁铸。

有一个人，把他养的一只大肥鸡带到热闹的集市去卖。

鸡在笼里，他在笼外竖立了一个牌子，牌子上写着密密麻麻的字：

"我这个精致的笼子里有一只肥大的母鸡准备以非常便宜的

价格出售。"

尽管集市里人潮络绎不绝，可是，站了老半天，他的鸡，一直都无人问津。

这时，有个善心人经过，对他说：

"你这牌子，写得啰里啰唆的，谁有闲情停驻脚步细细去读？且让我替你重写吧！"

重新写就的牌子，就只有简简单单的两个字："待售"。

说也奇怪，牌子一换，不旋踵，那只鸡便找到了买主。

长了赘肉的文字，不但有碍观瞻，而且，影响实效。

写作时，我总刻意地把手中笔杆化为锐利的"手术刀"，毫不痛惜地把文字的赘肉一层一层、一圈一圈地割掉、丢掉。

偶尔重读旧作而发现残留的"赘肉"，必定挥刀切除，绝不留情。

把旧作当成古董来珍惜，无异于取石自绊。

小·启示

啰里啰唆，是写作的大忌。精简凝练的语言，最能展现文字的魅力。

　　我把每一天当作一个独立的日子来看待，同一天所经历的喜怒哀乐、荣辱得失，到了夜晚，全都忘却。

一日是一日

　　昔日香港艳星胡锦罹患乳腺癌，手术过后，向前来探望她的朋友孙越倾诉，她心里很害怕，却又哭不出来。

　　孙越安慰她说：

　　"把每一天当最后一天使用，就什么害怕与痛苦都没有了。"

　　这话，看似消极，看似悲观，实际上，话语内却蕴藏了"天塌下来当被盖"的豁达，表现了"泰山崩于前而色不变"的勇敢。

　　啊啊啊，只有曾经刻骨地悲伤过、惊怵地惧怕过、自焚般地痛苦过，才能悟出如此睿智的人生哲学。

　　无独有偶，最近与一位腰缠万贯而大病初愈的商人聊天，他表示，经历了一番生不如死的痛苦挣扎而从病榻中醒来，感受阳光照在被褥上的温热，他突然有了一种全新的感悟——他要把每一天当作一个圆满的日子来享受。

他慨叹着说：

"以前，汲汲于建立自己的商业王国，山珍海味摆在眼前，却食不知味。晚上，万籁俱寂，本该好好歇息，但脑子却像走马灯般转着，睡不安寝。劫后余生，知道每一个日子都是上天恩赐的，我便不再捧着碗看着锅，疯狂地追求财富了。就算你赚得了整个世界，却赔上了自己，又有什么意义呢？"顿了顿，又说，"如今，把每一天当作一个圆满的日子来享受，我才发现，原来啊，每一颗米饭都蕴含着甜味；每一口茶，都有香味缭绕！"他下了一个结论，"现在，我不是在过日子，而是在细细地品味生活！"

我呢，和他们稍有不同。

我把每一天当作一个独立的日子来看待，同一天所经历的喜怒哀乐、荣辱得失，到了夜晚，全都忘却。我既不会为当天的掌声而飘上云端，也不会为该日的嘘声而陷入地狱。

每一天的清晨，都是一个重新出发的日子。

《飘》这部小说里，有个令人难忘的情节——女主角郝思嘉跪在被战火蹂躏得满目疮痍的故居上，放声大哭。哭完之后，揩干眼泪，甩一甩头，满脸坚毅地对自己说道：

"明天，又是另一天。"

是的，明天，是崭新的、无瑕的、鲜蹦活跳的另一天。

珍惜它，享受它，爱它。

小·启示

日子，可以是破铜烂铁，也可以是金银珠宝，各人可以自行选择。